翻轉你的數學腦

數學如何——
改變我們的生活

Plussen
en
minnen

Wiskunde en de wereld om ons heen

Stefan Buijsman
斯蒂芬・布伊斯曼 著

胡守仁 譯

酷斃了！你可能聽說過谷哥地圖規劃行程和在網飛（Netflix）搜尋影片都牽涉到數學演算法，但你知道數學可以幫忙設計咖啡機和治療癌症、或是知道中國古代的數字和數學也是相當高明的嗎？因為古人發展數學是為了實用！

不管你是喜歡還是厭惡數學，都不能錯過這本書——作者是說故事的高手呢！

—— 于宏燦｜臺灣大學科學教育發展中心主任

作者筆觸流暢生動，書中提及跟生活息息相關的例子，其背後都藏著數學的身影。當你使用谷哥地圖規劃行車路線，它正應用圖論的最短路徑演算法。當你開啟汽車的電腦巡航控制系統，它正使用微積分對於不斷變動的過程做計算。不時見到令人疑惑的民調數據，若你擁有機率統計的素養，就能嚴肅客觀的正確解讀。透過作者的旁徵博引，你會接受數學就在身邊，也會承認數學真的有用處。

—— 李信昌｜數學網站「昌爸工作坊」站長

不管你以前多麼害怕與討厭數學，今日你生活的世界處處都逃不脫數學的影響，只是你未必覺察到，一如你不停呼吸卻視若無睹空氣的存在。這本書能幫你增進感知當今數學影響的廣度與深度。

—— 李國偉｜中央研究院數學所退休研究員

「你身上有 23 嗎？」我們能擁有 23 元或 23 個種種物件，但卻不能擁有 23，因為它是抽象的。簡單的數字 23 表徵著規律的十進位數的結構，是符號化與抽象化的等等數學的內在理路。

當我們問「數學有什麼用？為什麼那麼有用？」的應用性問題時，本書作者從數學哲學的角度，透過種種生活數學的應用實例，連結數學內在理路加以充分詮釋，非常深刻獨特。

本書引導我們思考數學本質，體驗生活應用，請大家盡情享受吧！

—— 林福來｜遠哲科學教育基金會董事長、國立臺灣師範大學名譽教授

地鐵路線、Netflix 推薦清單、尼可拉斯凱吉的影片流量與泳池淹死人數的相關係數……這本書中用很多有趣又生動的例子來說明：是什麼讓數學有用？以及用什麼方式讓數學有用。

「雖然人們沒有用數學也能做很多事物，但數學簡化了複雜的現實問題，幫助我們找到沒有注意的事物。」作者的意圖或許是如此，但無論我們是否在意這點，這本書都很適合作為隨身的科普讀物來閱讀。

—— 洪士薰｜臺南女中數學教師

本書作者「想方設法」說明數學知識非常有用，甚至引進原住民的民族數學概念，讓人看到他的博雅素養。由於數學極端抽象，是否涉及我們的現實世界，其實一直沒有定論，因此，作者也試圖介紹數學知識本質的柏拉圖主義 vs. 唯名論之爭議，在數學「有用」之外添加一點「神祕」話題。

—— 洪萬生｜臺灣數學史教育學會理事長

除了少數天才學生，大多數人都視學習數學為畏途。更雪上加霜的是，當初沒人告訴我們，除了拿高分有利升學外，這些數學究竟要學來幹嘛？這本書就是要告訴我們，數學在生活中有多麼無孔不入並且奇趣橫生。懂得了數學的妙用後，原本像是被教科書填滿的鴨，終於能夠跳出囚籠而徜徉於碧波浩渺之間。

—— 黃貞祥｜清華大學生命科學系助理教授

爸爸上車打開 Google 導航規劃路線、媽媽又收到 Netflix 的最愛戲劇推薦、姐姐在利用基因進行癌症治療的生技公司上班，這些日常不過的事情，背後都有數學的作用。從這些例子出發，作者想要說明數學（主要是微積分、統計和圖論）是如何影響我們現在的生活，若我們能掌握這些數學的核心概念，就能更好理解周遭這些事物，因應日漸複雜的世界。

—— 蘇俊鴻｜北一女中數學教師

目次

導引

　　讓我們回到從前吧。我目光呆滯地望著我的數學老師，數位黑板上有一串的公式，還有一條彎彎曲曲的線和幾條直線交在一起，就像每一個高中畢業班必修數學的學生，我得弄清楚這些公式和圖形的意思。為什麼？我的狀況是，我想念天文專業，但那時候我並不知道自己太缺乏耐性，沒法子做好這件事。如果我那時候就知道了，而且還知道最終我從事的工作幾乎完全用不上任何計算，又會如何呢？我在谷哥（Google）上鍵入下面的問題：數學有什麼用處？

　　谷哥給出的搜尋結果中第一個是一篇荷蘭日報上關於畢氏定理的文章，還有關於如何切割披薩的文章。有夠具體了，但這只顯示了數學的一個小小用途。沒有數學，我根本沒辦法用谷哥來找尋我那個問題的答案，也可能找到的答案根本和我的問題無關。像谷哥這樣的搜尋引擎，只有仰賴數學，才能發生作用。我的意思並不是指電腦靠 0 與 1 來運行，谷哥用了巧妙的數學來尋找與我的問題相關的答案。在 1998 年谷哥創始人謝爾蓋・布林（Sergey Brin）和賴利・佩吉（Larry Page）設計了這個方法之前，任何人在搜尋欄鍵入例如比爾・柯林頓（Bill Clinton）時，得到的第一個結果會是一張他的相片和一則當日笑話。就算你在雅虎（Yahoo）上搜尋「Yahoo」，這個搜尋引擎本身不會出現在前面十個結果當中。好在這樣的事情不會再發生，我們得好好感謝數學。

然而今日很多人仍然有著和我高中時一樣的感覺；對他們而言，數學就是滿黑板難以理解的公式，離開學校後再也用不上。也因此很多人覺得數學根本不知所云，又毫無用處。但事實卻非如此，數學在現代社會扮演很重要的角色，任何人的眼光如果能夠超越公式，數學要比我們認為的容易理解。谷哥選擇搜尋結果的方式正顯示出數學在我們日常生活中的影響力有多大，不管是正面還是負面的。像谷哥、臉書（Facebook）、推特（Twitter）一類的數位平台是可以強化現有的意見和觀點的。今日我們經常無可避免地要面對假新聞，之所以會如此，一部分是由於這些平台運作的方式。如果我們了解這些網路平台如何強化我們的觀點，以及為什麼很難改變這些平台的運作模式，我們就能更好地打擊假新聞。

本書中，我想讓大家看看數學多麼有用。某種意義下，現在的我對數學已有更好的了解，因此我想針對的是年輕時的我，還有那些和我年輕時一樣，認為數學的計算困難，與生活無關，以及為了無須再碰數學而暗樂的人們。由於我已從事數學哲學的專業工作，常常思考數學如何發生作用以及我們如何學習相關知識，深知不管我們工作中是否用得上，它和我們的關聯深遠。數學不僅僅是公式而已，因此本書中甚少這類題材。如果你想解決某個特定的問題，公式是很有用的，但通常會分散我們對其背後數學想法的關注。

本書中，為了表明數學要比許多人認為的與我們關係更深，而且更加易於理解，我探索了不同領域的數學及其背後的想法。這些數學領域的應用出奇的多，且每個人都能明白，尤其當我們不需要考慮數學公式時。以圖論為例：如谷哥之類的搜索引擎，利用圖論來為搜尋的結果排序，它也可用來預測癌症病人對某種治療方式的反應，還可用來研究大城市中的交通流量。

我在本書中探討的其他現代數學領域——統計學和微積分，也是如此。這些課題背後的想法往往出乎意料的簡單，而且比你在學校學習時對它的認知，更加有用得多。幾乎每天在新聞中，我們都可見到統計以犯罪、經濟，政治方面的數據呈現。通常，我們並不很清楚這些數據的實際意義，它們又來自何處。一個世紀前人們已經有充分的理由，對統計數據誤導的危險發出警告，這些警告在今日尤為重要。

和圖論一樣，微積分用處極大，在我們不曾注意時，它已發展出各式各樣的應用。自從工業革命以來，它被用來改善蒸汽機的效率，讓汽車得以自動駕駛，幫助建造高樓大廈等等。如果說有哪個數學領域改變了歷史，那就是微積分。

不過，在我詳細討論數學在現代社會的應用之前，我們得先回到太初之時。這不是說要找尋什麼歷史上複雜的結果，還是古老的數學家，而是探索人類歷史本身。我們每個人生下來就具備一定的數學技巧，就算沒有數學課程，我們也能存活下去。然而，歷史告訴我們，這些與生具備的技巧，在人類聚集而形成的群體變大時，就不夠用了。社會愈變愈大，終會變得不靠數學就無法運作的程度，於是我們得將注意力轉向算術和幾何。有一些文明仍然能夠不靠任何形式的數學而生存，但這些社會必須很小，例如他們沒有村落或城市。數學的抽象化對於很多事情都是必要的，例如社區組織、安全性、建造房舍及其他建築物、調節食物的供應等等。數學使得實際問題簡單化，讓我們更容易管理周遭的世界。

　　關於數學有什麼用處的問題不是只與數學相關的問題，而是哲學上的問題。這也是為什麼我在本書開始與結束的章節繞了個彎，談一下哲學。一直以來，數學哲學家並不在意什麼公式之類的，他們問的是數學是什麼，如何運作。這類問題有些還沒有答案，但是數學哲學的進展，已經足夠讓我們知道正確的答案會是什麼模樣。

　　然而，就像大多數的哲學問題一樣，你必須自行決定你對數學的看法，以及哪一個答案最適合你。還有你是否滿意目前對數學的使用方式，例如臉書的優點是否超越它的缺點？這個問題我留給你自己回答。與此同時，我會解釋哪些數學會用在臉書之類的應用上，為什麼它們會造成我們現在所熟知的那些缺點，而那些缺點又為什麼無法只經由改變其背後的數學想法而解決。

Math all around us

數學就在身邊

　　每當你用谷哥地圖導航要去某個地方，倚賴的就是數學。打開應用程式，鍵入目的地，不用幾秒鐘，馬上出現幾條可能的路線。因為巧妙地運用數學，谷哥才能做到現今這樣的服務。

　　假想一下，如果谷哥瘋狂到僱用一批擅長閱讀地圖的人來制定你的路線，你每搜尋路線一次，就讓這些人忙碌起來，那麼不僅費時費力，而且沒有效率。谷哥這些地圖閱讀人還得為了我這一類人重複制定同一條路線，因為我永遠記不得從家裡到某個朋友家要花多少時間。所以他們最好預先做好各式各樣的路線，以防萬一有一天有人會用得上。

　　但是這樣做就比較好嗎？其他人很少需要和你完全一樣的路線，除非你住在學生宿舍並正在尋找通往大學的最佳路線。我的鄰居不會拜訪我的朋友或出版社，我才需要在應用程式中確認路線，以便準時赴約。除非谷哥能夠預測我的行程，否則就需要有人不斷地制定新的路徑。面對現實吧，不管那些人如何擅長使用地圖，仍然需要花費大量的時間。

這就是為什麼我們把閱讀地圖的工作交給數學。計算機可以為你的旅程提供最佳路徑，但和靠人制定的方法不同。計算機所用到的數學並不能識別衛星照片上的街道，也不能根據地圖上的標尺來計算距離。導航系統把世界看成一堆圓點，以線段相連。聽起來似乎很怪異，但任何看過諸如倫敦地鐵路線圖的人，就覺得很熟悉了。

對谷哥地圖而言，如果你的行程只需搭乘地鐵那就太好了，因為這個地圖已經是根據數學原理而設計的。計算機可以假裝它自己像一列虛擬的火車，沿著這些圓點之間的線段運行。計算機的問題在於它無法綜觀整個路網。如果你打算由霍本（Holborn）（深藍線上）到七姊妹（Seven Sisters）（淺藍線上），你很快就可找到路徑；深藍線和淺藍線都停靠芬斯伯里公園（Finsbury Park），就在七姊妹站的前一站，因此最好的路徑就是先搭乘深藍線到芬斯伯里公園，再換乘淺藍線，坐一站到七姊妹站。

然而，上述過程計算機卻必須經歷一段複雜且繞

編註：彩色版地鐵圖可掃描此 QR CODE http://content.tfl.gov.uk/standard-tube-map.pdf

倫敦地鐵圖

彎的過程才能找出最短的路徑。它並不知道霍本和七姊妹站的相對關係，因此這列虛擬火車隨意地亂走，直到抵達目的地。更有甚者，計算機需要知道由某一圓點到另一圓點需要多少時間。我們都知道，地鐵圖上所顯示站到站的距離並不能反映真實的距離。

由皇家公園（Royal Park）到阿伯頓（Alperton）（地鐵圖左邊的地鐵黑線）所需要的時間略少於由皇家公園到北伊林（North Ealing）（3分鐘對4分鐘），然而在地圖上，阿伯頓看起來遠多了。

解決這個問題的方案就是在圓點與圓點之間的線段上標示一個數字，表明地鐵運行所需要的時間，計算機就可以利用這些數字來找出最佳路徑。最陽春的導航系統會檢視每一條由霍本出發的路徑，根據路徑長短由短到長依序排列。

在這個例子中，計算機由霍本開始，尋找最近的車站。法院巷（Chancery Lane）和羅素廣場（Russell Square）都只相距1分鐘路程，哪一個都可以當作第一選項。接著，計算機是否就由羅素廣場到國王十字站（King's Cross），或由法院巷到聖保羅大教堂站（St. Paul's Cathedral）？並非如此，它試著向柯芬園（Covent Garden）方向行駛，因為這要比去國王十字站或聖保羅大教堂站所需時間要短。然後它找到牛津街（Oxford Circus），因為距離霍本只要3分鐘。只有查看過所有這些選項後，計算機才會由霍本向著七姊妹站移動到第二個車站。

依照這個方式，計算機花了一段時間終於抵達七姊妹站，由起站開始，需要 22 分鐘。在這之前，它已經到過地圖底部中央，19 分鐘路程的布里克斯頓（Brixton），還有地圖上部中央的艾奇韋爾（Edgware），只有 17 分鐘路程。不過，終歸會抵達目的地，而且計算機十分確定它算出來的第一條路徑，一定是最短路徑。聽起來一點效率也沒有，而人類靠著自己的方向感以及綜觀全局的能力，似乎要容易得多了。不過因為它每秒鐘能算出的步數多得多了，所以計算機的速度還是要比我們快。

　　谷哥地圖工作的方式幾乎完全一樣。小小的圓點不再是車站，而是交叉路口，像是環型交叉口或是高速公路交叉口。就數學而言，線段是高速公路或是巷弄小街沒有什麼差別，就像地鐵圖一樣，這一切都根據谷哥地圖指定給每個線段的數字，而得到關於旅程時間的資訊。一段高速公路和一段巷弄小街可能長度相同，但在小街上開車的速度慢多了，因此系統指定的數字要比高速公路上的大得多。這些數字也把堵車的情形考慮到行程時間內，谷哥只需要把擁塞路段的指定數字由 10 分鐘調高到 20 分鐘，就能將 10 分鐘的延遲考慮進去。如果你重新計算新的路線，這個延誤自動就會算在裡面了，你可能會被引導到其他小街上以避開壅塞，那麼原來需要較長時間的預估就會隨著新路線而更新。

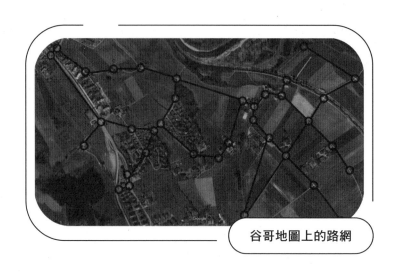

谷哥地圖上的路網

上述方法對短距離的路程效果很好，但是這種數學對長途旅程，就難以管控了。如果你想由紐約開車到芝加哥，谷哥首先查找所有由紐約出發，所需時間少於 12 小時的路徑（12 小時是旅程所需的時間）。計算機計算速度很快，但是即使是現代的計算機也無法在很短的時間內做那麼多的計算。因此谷哥地圖用了不少數學技巧來減少計算量，我們無法知道究竟是哪些方法，因為這是他們的商業祕密，我們在第七章還會更詳細的介紹。

我們現在知道，導航系統推薦的路徑是經過數學計算得來的，那些數學並不比我們聰明，計算機拚命地找尋目的地也算不上有效率，數學並沒有讓問題變得更簡單，最終只是計算機得做比我們更多的工作，但它的確讓我們的生活變得更輕鬆。它能夠很快地制定出最佳路徑，因為它每秒鐘能做的運算嚇死人的多。

網飛（Netflix）的推薦清單

當你瀏覽網飛最新上檔的電影與電視劇時，每一項目旁邊有一個綠色的百分比數字，它告訴你這部片子和你平常觀賞的內容相符的程度。有時候這個百分比錯得離譜，原以為你會覺得很精采的電影，結果卻大失所望。可是，如果轉個念頭，不要輕忽那個百分比，它們應該可以相當精確地反映了你的口味。推薦清單完全是自動產生的，也會隨著你觀看更多其他類的節目而改變。換句話說，某一個地方有一部電腦程式，完全不懂電影和電視劇，卻知道哪些合乎你的口味，哪些不合。

網飛能夠這麼做，當然是根據它所擁有用戶的相關訊息。成千上萬的人觀賞網飛上的電影和電視劇，而這家公司記錄了他們的觀賞習慣。簡單地說，也就是網飛知道我們看哪一類電影及電視劇，不管是關於路徑計畫算法的紀錄片、恐怖片或其他什麼的。網飛將它的電影及電視劇分類，然後利用兩組數據來製作推薦清單。如果你看過很多恐怖片，你就有可能再看一部還沒看過的恐怖片，聽起來滿簡單的。

難度比較高的是網飛所做的其他動作。它給所有不屬於特定類型的電影及電視劇（在本例中為恐怖片）一個百分比形式的分數，這個百分比顯示這部電影與你經常觀賞的電影相符的程度。換句話說，網飛還決定了一部冒險片和一系列恐怖片相似的程度。如果電影中有很多嚇人的事情發生，那麼就比沒那麼恐怖的恐怖片更適合你平日的觀賞習慣。這些正是當你要求朋友推薦電影時，他們會告訴你的細節。網飛同樣能提供那些資訊，只是比不上那些真正的電影迷那麼精確。

更複雜的是，你可能只觀賞某一類型的恐怖片。如果你不喜歡鮮血淋漓的電影，那麼比起有些嚇人的冒險片，血腥的恐怖片就比較不適合你的口味了。單單只看一般的分類，不會得到最好的推薦清單，因為真正重要的是影片的內容。計算機不會懂得電影內容，或許網飛應該僱用許多懂電影的人，不過，觀眾千千萬萬，因此這是不可行的，它只能靠計算機及演算法來進行推薦。這是有可能做到的，不過得有些技巧。

想法其實很簡單：推薦清單如果和你喜歡觀賞的影片類似就是好的清單。世界各地，人們在網飛上觀賞他們喜歡的節目，因為這些節目和他們看過的電影或電視劇相似。對網飛的計算機而言，如果看過某部電影的人會去看另外一部，那麼這兩部電影就是相似的。如果成千上萬的人在看過《鋼鐵人》（Iron Man）之後又去觀看《鋼鐵人2》（Iron Man 2），這兩部片子一定很相似，那麼《鋼鐵人2》對於那些看過《鋼鐵人》的人就是一個好的推薦。使用網飛的人愈多，這種預測就愈準確。這個計算程式所建議的電影或電視劇很多其他人都看過，而且大致類似你所看過的節目。

這個解決方案有個問題。網飛有幾百萬的用戶，每個人都觀看很多的電影和電視劇。網飛用來制定推薦清單的技巧不過是個簡單的數學計算：它檢視有相同觀看史的人當中，有多少人也觀看了它想推薦的節目。問題在於計算方法；但由於細節並未公開，我在這裡僅以簡化的形式來說明。網飛還必須考慮那些看過幾乎一樣的節目但又並非完全相同的人。例如那些喜歡看恐怖片又喜歡紀錄片的人，又該怎麼辦呢？這樣一來看過完全相同節目的人會大大減少，降低了推薦的可靠性。這個簡單的想法在實用上要複雜多了。

這就是為什麼把所有提供的電影及電視劇排成地圖形式，像我們稍早看到的地鐵圖那樣會有所幫助。每部電影或電視劇是一個圓點，就像是網飛世界的車站。你可以在網飛網站上點擊兩部不同的電影或電視劇來從一個站點到另一個站點。

在這個地圖上，也標示數字以便能夠計算。這些數字不再是旅程時間，而是同時看過兩個節目的人數。下圖是一個很簡單的例子，只有三部電影和一些虛擬的數字，顯示不同觀賞組合的人數。

問題是應該給每一部影片多少百分比，以顯示與你觀賞習慣的相符程度？比方說你只在網飛上觀賞過《鋼鐵人》，計算機要預測你喜歡《鋼鐵人 2》及《藍色星球》的程度有多高。根據上面的數字，《鋼鐵人 2》的

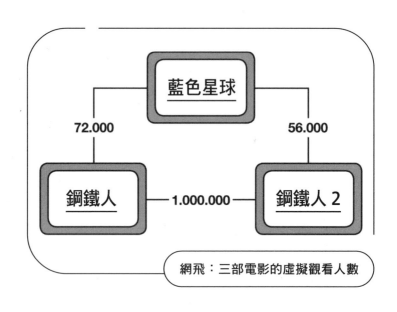

百分比會比較高。畢竟，很多和你有同樣口味的人也看過的電影，你比較可能觀賞。而《藍色星球》得到的百分比會比較低，因為看過這部影集的人當中，很少人也看過《鋼鐵人》。更有甚者，只有很少數看過《鋼鐵人 2》的人（計算機認為符合你的口味），也看過《藍色星球》，這是給《藍色星球》低百分比的另一個原因。

最終，計算機利用它自己的預測，例如你對《鋼鐵人 2》喜歡的程度，來改善它對其他電影和電視劇的預測。這在只有三部影片的情形下並不難追蹤，試試看如果有成千上萬的電影和電視劇的話呢？理論上，如果有夠多的時間和空間，你當然也可以自己找出每一條你想走的路線。但感謝有數學，尤其有了我們第七章將詳細討論的圖論，只要你的計算機夠力，不僅理論上可行，實際上也辦得到。這個謎題的數學版使得網飛能夠完全自動預測你是否會喜歡某一部電影或電視劇，根本不需要什麼電影迷大軍。

處處有數學

我們每天都會在各式各樣的地方遇到數學。當然不是就字面的意思而言，就算像我這樣以思考數學為業的人，平常也不用做什麼數學計算。但是在幕後，數學在我們的生活中起著主要的作用。沒有數學，就沒有谷哥地圖指引你道路；網飛可能隨意建議你一些電影或電視劇，卻不適合你的口味；谷哥的搜尋引擎根本沒法運行。簡而言之，我們平常得以使用各種服務，因為背後有數學支撐。

網飛、搜尋引擎及路線規劃都需要用到同樣的數學領域中的「圖論」，但這並非唯一常被用到的數學領域。你手機上收到的很多新聞報導中都包含了統計，例如選舉民調，宣稱全國人的選舉傾向都顯示在這一串數字中。但是它們有多有用？或許也像 2016 年美國的總統選舉那樣差之千里。根據民調，希拉蕊·柯林頓（Hillary Clinton）會贏，有些專家還宣稱有十成的把握。事實上，即便不是刻意，數字很容易產生誤導，統計數據可以掩蓋各種事物。對那些不了解為何會出這種問題的人，聽起來很重要的統計數據根本毫無用處，民調告訴你一切都很好，但是它常常錯得離譜，你又怎能相信呢？

你從手機中抬起頭片刻，點了一杯咖啡。咖啡是用一台不鏽鋼的咖啡機煮出來的，咖啡機將水加熱到恰好的溫度。如果它是一台豪華型的咖啡機，這件事並不是像表面這樣簡單完成的。機器會監控水加熱得有多快，根據這個訊息，決定水是否該再加熱點或變涼點等等之類的。它就是這樣不斷調節,直到水溫達到最佳溫度,然後再烹煮咖啡。你並沒有看到整個過程,但是就在你眼前,你數學老師談到過的公式,正被用來烹煮你那杯咖啡。

你一邊啜飲著咖啡,一邊讀著報紙。政府在政策上有了一些改變,你不太確定這是否是個好主意,於是你查看一下關於新計畫的預測。一如既往,經濟研究機構會詳細地加以分析。新政策是不是個好主意取決於太多因素,你很難都了解清楚,但是一個計算可以把所有的因素綜合成一個對你十分重要的資訊──你口袋裡的錢會不會多些?這過程也得依賴許多數學計算。

以這種方式來看,我們發現數學對我們的生活有很大的影響。我們實際上沒做什麼數學,卻依賴著大量的計算結果。我們賴以做出選擇的資訊,是很多其他人做出來的數學結果。就算是你最終看到的訊息,也取決於谷哥、臉書或其他過濾數據網站的某個計算機所進行的計算。我們周遭的科技愈來愈需要使用數學。不僅是街角咖啡店裡的那台豪華咖啡機,還有載著你度假的飛機上所用的自動駕駛,以及你每天不可或缺的電腦,它們都得靠數學。我們周遭到處都用得上數學,更好地了解它,以及它對我們生活的影響,就益加重要了。

這是本書主要的目的:懂一點數學是多麼有用。但是,數學是什麼,它又是如何運作的?這首先是一個哲學問題,可以追溯到柏拉圖和蘇格拉底。他們就問過自己數學是什麼，我們能如何學習它。更重要的是，如果你多想一想，數學的應用那麼廣泛，卻又那麼抽象，豈不是有點奇怪？要回答這個問題，我們得求助於哲學了。

Separate worlds

分離的世界

　　有一群犯人被鐵鍊栓在牆上，他們的頭被固定住，因此只能往前望向另一扇沒有窗戶的牆。他們一輩子都是這樣栓在同一堵牆上。對他們而言，唯一的現實就是他們面前那面牆上的影子。如果能夠往前挪一點，他們就能觸摸到那些影子。他們當中沒人知道監獄外的世界，他們生命的全部就是那些影子[※]。

　　柏拉圖的地穴寓言由此開始。他把我們比作那些囚犯，我們所看到的周遭事物，只是我們無法直接看到的東西的影子。例如，你面前的桌子當然是存在的，然而，柏拉圖認為它不過是牆上的一個影子。他對這個特定的桌子並沒有興趣，他所在意的是連結所有桌子的抽象概念，是哪些特質使得你面前的這個東西是張桌子，而不是其他什麼東西。你無法就這樣看到這個抽象概念，你必須找出究竟是什麼，什麼東西在牆上會投射出那個影子。你可以通過觀察周圍各式各樣的桌子來思索。

※　柏拉圖《對話錄》之〈美諾篇〉。

根據柏拉圖，這也正是數學運作的原理，這就是他對於下面問題的答案：數學是關於什麼的？對柏拉圖而言，數字也是一件投射影子的東西，我們不能單純地看待它們。數字並不是你能夠抓得住的東西，也不是你邊走路邊看手機撞得上的東西。我當然可以寫下一個數字，例如「2」，但是就如「太陽」一詞並非星球，數字「2」也不等同於我正費勁談論的那個數字。回到柏拉圖的例子，我們周遭的世界不過就是影子，而數字永遠都在我們身後。

我們可以這樣看待數學，當我們談到數字，例如1+1=2，我們談的是真實存在的東西，但它們存在的方式與你面前那張桌子不同。柏拉圖認為它們「更真實」，他認為抽象的知識比特定事物的知識更有價值。這就是為什麼他把人們平常在身邊看到的事物歸為影子而已，並且相信數字，認為還有其他更「真實」的東西，漂浮在另一個宇宙。我認為這有點誇張，但他關於數字存在的想法，深具影響力，我們現在還稱他的同路人為「柏拉圖主義者」。

那麼這就是數學嗎？這麼想聽起來很合邏輯。你的數學老師告訴你數學世界是什麼樣，那是個真實的世界，只不過你沒辦法看得到。數學家研究那個世界就像物理學家研究我們看得到的世界。那麼數學似乎與我們的日常生活相距甚遠，難怪那麼多人認為數學令人煩惱：首先你得弄清楚如何找到那個世界，然後才能學習關於那個世界的事物。

　　要如何學習一個你無法看得到、觸摸到、聞得到或感覺得到的世界？柏拉圖及柏拉圖主義者認為，數學和我們日常生活的事物是分離的。雖然不能說完全如此，但柏拉圖以他朋友家中的一個奴隸為例，展示我們是如何接觸到數學。他們要這個沒有受過任何教育的奴隸，不用任何量尺，在沙上畫出一個正方形，其面積是沙上另一個正方形面積的 2 倍 。這是個非常棘手的問題。如果你把每邊長度都增為 2 倍，得到的正方形面積是原來的 4 倍。如果不靠量尺來解決這個問題，得有個聰明的方案。

　　柏拉圖的例子中，周圍的人向那個奴隸提出各種問題，這些問題經過精心設計，引導那個奴隸在原來的正方形上畫上對角線。下頁圖中，灰色的正方形是原來的正方形。你在它的周圍畫三個相同大小的正方形，形成了一個原來 4 倍大的正方形。然後沿著圖中的虛線，把它裁成一半大小。於是就得到一個正方形，其面積恰好是原來的 2 倍。

　　這個例子中，柏拉圖只以提問引導那個奴隸，這個奴隸「自己」逐漸發現如何做出 2 倍面積的正方形。柏拉圖想向我們展示數

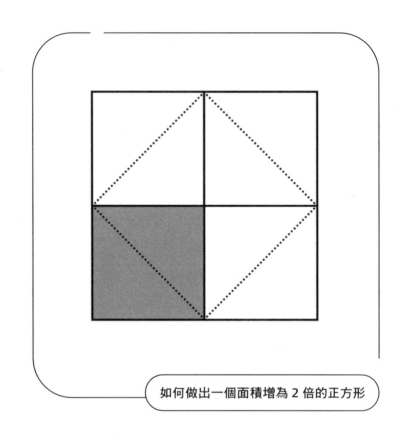

如何做出一個面積增為 2 倍的正方形

學如何運作，他說實際上那個奴隸已經知道答案，而這位哲學家只不過是幫他找回記憶。因為柏拉圖聲稱，在前世中我們已經知道所有關於數學的知識，那個知識仍然存在，深埋在我們潛意識中。依照柏拉圖的說法，要學數學方面的知識，不過是回想起我們已知的知識。

聽起來是不是有點玄？我想是的，因為柏拉圖的解答完全是一派胡言。他在提問的問題中耍了詭計。他先畫出解答的正方形，然後問了一連串是或非的問題，以證明那個畫對角線的技巧是可行的。那個奴隸所謂的「自學」，其實只是藉由提問的方式，一步一步地向他解釋說明而已，然後再宣稱他找回前世所有這些記憶；至少可以這麼說，那是個很不尋常的一世。

如果柏拉圖的解決方案是胡說，那我們怎麼學習關於數學的世界？事實上我們並不知道。現代的柏拉圖主義者（那些相信數學是關於實際的數的人），以不同的方式回答這個問題。有沒有正確的部分，是另外一回事，他們的確認為我們能夠學習數學；畢竟，我們剛剛才學會如何做一個正方形，其面積恰為給定正方形的 2 倍。即使是最無可救藥的學生至少也懂一些數字，柏拉圖主義者只是還沒想出來是怎麼回事，我們怎麼能夠了解那個難以接近、抽象的數學世界。

可是為什麼我們要認為數學世界那麼難以接近而且抽象？柏拉圖所以會如此想是因為當時有許多數學家這麼認為，而當今仍有數學家如此認為。那麼，我們要相信他們嗎？有一大群現代哲學家說最好不要。把洞穴囚犯拋在腦後吧，想想福爾摩斯。

數學是個故事

福爾摩斯住在倫敦貝克街 221 號 B，你可以參觀那個房子。當然，他並不真的住在那裡。福爾摩斯是一個虛構的人物，有許多關於他的小說、電影、電視劇。這就是為什麼我們不會馬上這麼想：「胡說，福爾摩斯怎麼可能住在貝克街？」在小說裡他住在那裡，但是在真實的倫敦，沒有一個叫那個名字的人住過那裡。我們也可用同樣的方式來看數學。

數學講述關於數字、圖形、還有各式各樣東西的故事。它是關於柏拉圖所描述的那個世界的故事。東西永不改變，每樣東西都以完美的邏輯形式融合在一起。然而，唯名論者（Nominalists）說這豈不就像福爾摩斯的故事一樣虛構。數學所說的那個世界並不存在。數學談論像數字、三角形之類的東西，但是那些東西並不存在。唯一真實的東西是你在周圍所看到的東西，並沒有一個數字漂浮其間的分離世界。

換句話說，柏拉圖宣稱，我們所發現的關於數學的東西，早已在那裡了。或許根本沒有什麼要被發現的東西，我們憑空想出所有關於數學的東西。但這說法其實非常荒謬；如果數學所談論的東西不存在，那麼那些關於什麼數字、三角形等也就都不成立了，我們說 3 是質數，1+1=2，可是這都不是真的。1+1=2 不成立因為數字不存在，就好像說福爾摩斯住在倫敦是不對的，因為他從來就不存在。

那麼為什麼不乾脆告訴你的數學老師，數學上的一切都是胡說八道？因為即使對於唯名論者，有些關於數學的東西仍然絕對是正確的。例如，我關於福爾摩斯的一些敘述在某種意義下還是對的。它們和福爾摩斯的創作者柯南‧道爾（Sir Arthur Donan Doyle）的小說一致。如果我聲稱福爾摩斯住在阿拉斯加，你可以由小說情節，證明我是錯的。你可以測試任何關於福爾摩斯的敘述和小說中的是否吻合。在數學上也是如此：宣告 1+1=3，在數學的故事中是不正確的。

不過，我還要再說一遍，我們並不確切知道數學如何運作。換句話說，我們不知道它是否對於一個我們難以進入的抽象世界進行發現，還是它只是我們編造出來的。因為不管是柏拉圖還是唯名論者都無法解釋清楚我們是如何學習數學的。

對柏拉圖而言，很難說得清我們如何進入那個數字的抽象世界。如果那個世界不存在，這個問題不大。例如，我們是如何知道福爾摩斯的世界，很顯然就是閱讀關於他的小說。如果記得讀過的內容，我們就學到關於這個偵探的事情。然而，對於數學，就有點困難了。數學裡的故事很特別，因為我們通常相信它描述的是我們周遭的世界，卻沒有人會按照字面上的意思來理解福爾摩斯的故事。這就使解釋數學如何運作變得困難了。你怎麼能夠確定那些人，講出字面意思不真確的事情，卻能夠建立有價值而且嚴謹的科學。唯名論者對此仍然沒能給出好答案。

　　哲學講得夠多了。如果你無法跟上哲學家弄出來的複雜細節，不要掛心。我主要是想讓你知道，有兩種方式來看數學。不管柏拉圖主義者或唯名論者對數學的看法多麼不同，兩者都是想解釋數學的運作原理，或者告訴我們，當我們說「做」數學時，究竟發生了什麼。柏拉圖主義者說我們在一個充滿抽象事物的世界中發現各種知識。唯名主義者說那個世界並不存在，我們只是在編故事。只要清楚這兩者的差異，你又願意相信我們還不知道哪一個是正確的，那就足夠了。

美的價值

　　如果哲學家之間的爭論澄清了一件事的話，那就是數學是關於非常抽象的東西。難怪中學時往往不很清楚它的用處，數學似乎和我們周圍的世界不相干。如果你認為數學是自成一格的世界，與物理世界毫無交集，你就不會這麼想。如果你把數學當成是一個故事，而那個故事和現實社會有什麼關係呢？畢竟，我們閱讀福爾摩斯的故事，不是為了了解歷史上的倫敦。那為什麼我們要用關於數學的故事來做到這一點？然而，和物理世界無關的數學，又如何用來幫助我們了解這個世界？

實際上，數學對我們了解這個世界幫助很大。第一章裡我們看到的很多例子中，數學對問題的簡化扮演了主要的角色。它之所以有用，正因為它的抽象性，而且不只限於日常生活。數百年來，科學家利用數學來從事新的發現，這件事格外令人驚訝，因為它顯示出，數學比我們上一章中看到的例子更為有用。

我們從牛頓（Isaac Newton, 1643-1727）的例子開始。青年牛頓，坐在一棵蘋果樹下，望著周遭的景色。突然有個蘋果落下來，打在他的頭上，「啊，這就是萬有引力」他這麼想，故事是這麼說的。不管是不是蘋果，牛頓關於萬有引力的想法是開創性的。歷史上，第一次有人發現，解釋地球上的東西為什麼落到地上的原理，可以用來解釋星球與行星間的運行關係。剩下來的就是歷史了。我們都知道牛頓的想法絕妙非常，而不是關於兩個毫無關聯事物的瘋狂理論。

不過，牛頓同時代的人卻是這麼認為的：牛頓描述的萬有引力是一種隔著一段距離發生作用的力，讓東西彼此幾乎神奇式的互相吸引著。他那個時代，人們認為事物只有彼此接觸才會有所作用。這不是什麼奇怪的想法，東西之間如果沒有互動，如何影響彼此？如果地球和太陽沒有任何形式的接觸，地球如何「知道」太陽就在那裡，而且把地球吸引向它。多虧了愛因斯坦，我們現在對這個問題有相當合理的答案，但是當牛頓提出萬有引力的理論時，對此並沒有什麼好的答案，只是一些令人印象深刻的數學。問題是這些數學是否正確。

幸虧由根據他的理論所做出的預測，我們知道牛頓大部分的理論都正確。現在我們能夠更精確地測量所有東西，我們看到它們和現實相當吻合。在牛頓時代，一點都看不出來他的理論是最好的，科學家觀察的結果和牛頓的預測可以相差百分之 4，然而他仍然覺得，一個理論如果能夠同時應用到地球和其他天體上，應該是比較好的。那樣的理論更為「乾淨」，不只在物理學上更簡單，數學也比較不複雜。

令人驚喜的是接下來發生的事。物理學家繼續測試牛頓的理論，以我們現在用得上的儀器，那當然要比牛頓時代任何工具精確得多，我們知道他的理論沒錯，誤差不到百分之 0.0001。即使他從來沒有意識到，但他對以簡單數學為基礎的單一理論的偏愛是一個巨大的成就。儘管當他在英國鄉下那棵蘋果樹下想出他的理論時，還無法進行任何精確的量度，他的數學預測卻證明其極準確。

持懷疑態度的讀者可能會說，這不過就是巧合，牛頓只是運氣好，不像其他那些名字早被忘記的人。或許這只是巧合，但是有太多類似的故事，我們不能視而不見。哥白尼（Copernicus）提出的太陽系模型，至今仍為我們採用：太陽位於中心，地球在一定的軌道上繞行。比起愈變愈複雜，以地球為中心，太陽繞著地球轉的模型，其所用的數學也更為簡單、優雅。

哥白尼的預測實際上並不如那些更複雜的理論可靠，因為他認為地球的軌道是一個正圓，但事實上卻是個橢圓。然而最終，他較為簡單的理論，也是數學家所偏愛的，證明是更好的理論。

更引人注目的是 20 世紀初保羅·狄拉克（Paul Dirac）的發現。狄拉克正在從事量子力學的研究。和牛頓一樣，他的目的在以統一的方式解釋不同的物理現象。他也用了一個數學模型，得到當時所知道的正確結果。

然而，狄拉克碰到了一個問題。雖然他的模型獲得成功，但是也得到了額外且奇怪的預測。狄拉克感興趣的是電子，它們是繞著原子核轉動的粒子。那個時代的物理學家已經對電子有相當多的了解，狄拉克的公式也相當精確地描述了它們的行為。然而，根據這個公式，應該還存在另外一種粒子，恰恰與電子對立。沒有人見過這樣的粒子，也沒有任何理由相信它們存在。

我們現在知道，狄拉克的數學模型導致了全新的預測。但是在 20 世紀初的年代，狄拉克以及其他的物理學家費了一段的時間才了解其中的奧妙。剛開始，狄拉克提出這個神祕的反粒子是質子。那時候已經發現了質子，而且是帶正電，電子則是帶負電的。不過這不太可能，因為質子的質量比電子大太多了，不可能是完全相反的粒子，除非存在另外一種粒子，即正電子或反電子；但狄拉克看不到其他的解答。

這種情況在本書前面所談的例子中還沒出現過。數學不僅簡化了問題或提出比預料更好的預測，還預言了前所未見的東西的存在。科學家開始尋找這種新的粒子，純粹因為狄拉克的數學模型好到不太可能出錯。

他們掘到金礦了。就在狄拉克提出預言不久之後，安德森（Carl David Anderson）發現了正電子的存在。4 年之後，1936 年，他獲得諾貝爾獎。正電子不僅是電子的反粒子，它們還是第一個被發現的反物質粒子。由於數學，它們才可能被發現。

物理學中還有很多類似這樣的發現，數學中的奇怪現象最終都證明是正確的。在大概 1823 年左右，奧古斯丁‧菲涅耳（Augustin Fresnel）對光的行為感興趣。他也是個物理學家，設計了一個單純而簡潔的數學公式來解釋我們周遭世界的一個現象：當光線反射時，例如通過鏡子，會發生什麼事。

鏡子是一個簡單的例子，因為光線的反射很精確，也能預測。如果你正對鏡子，光線直射你身上，你看到了自己。但是如果你由一個角度來看鏡子，你看不到自己，而是鏡子另一面與這一面等距離的那些東西。

菲涅耳更加雄心勃勃。他想知道，比方說當光線由水中射出水面時，會怎麼樣？或者當光線由空氣射穿透明玻璃時又會如何？聽起來挺複雜的，但是菲涅耳所用的公式並不比通過鏡子時的公式更為複雜，他只需要增加一個符號。這又是一段單純而簡潔的數學，但是就如狄拉克的公式，它也會造成奇怪的結果。

菲涅耳的公式預測光線有時候會以不可能的角度彎曲。它的數學模型用到了複數，這是一種「額外」的數，不能以平常的方式計數。那個時候，這些數被當成計算時必須用到的東西，但是不能真當回事。當菲涅耳的計算出現了一個這樣的數，他驚慌失措，他那個簡潔的公式，預測了不可能的事。

由於他不想棄用他的模型，菲涅耳決定，先假設那些奇怪的結果是對的。他沒錯，在那些模型產生奇怪結果時，光線發生了異常的情況，這與計算的結果完全吻合，表示其實一點也不奇怪。即使在光線從水中進入空氣中，它還是會被完全反射，好像水面是一面鏡子。菲涅耳用他數學模型發現的東西，物理學家在那之前都不曾認真思考過，但這是我們都認識的東西。看看圖中那隻烏龜在水面反射的方式，那個由菲

烏龜在水面上的反射

涅耳模型所產生的奇特結果，沒人想要的複數，描述了那個反射。那個簡潔的公式再次證明是正確的，奇怪的結果顯示了我們前所未見的東西。

這些例子描述了數學如何在許多方面發生作用，它使問題變得更簡單，而且讓物理學家發現新事物。這都因為他們喜歡簡潔的數學模型，也願意一併接受偶爾出現的奇怪結果。即使沒有任何證據證明其中的數學是正確的，他們仍然堅持自己的公式，通常都有充分的理由，而且一次又一次證明是對的。

當然，也不是每次都得到好結果。有很多理論，不管是否簡潔，最終證明是錯的。不過它成功的機率令人驚訝，也就是說科學家喜歡的數學模型既簡潔，又能幫助我們更好地理解這個世界。對任何思考數學的人，不管用的是哪種方式，這個謎題都是必須解決的。顯然數學並非無用，可是我們怎麼可能應用得這麼成功？

讓我們再回到柏拉圖的抽象世界。這與我們生活的世界相距甚遠，這個數的世界與我們或物理學家想要描述的世界沒有任何關係。用來預測我們周遭世界的數學並非來自物質世界，因此這些預測似乎無中生有。數學的世界如何得知真實世界的事物？

審視福爾摩斯的故事也不能幫助我們回答這些問題。故事距離我們的世界或許不像柏拉圖的數那樣遙遠，然而它們永遠都是虛構的。牛頓所用的數學早已構思出來，遠在我們知道它能那麼有效地幫助我們了解萬有引力之前，狄拉克在人們知道正電子存在之前就給出了他的公式。但，發現福爾摩斯時代關於倫敦的事物是真的，那就很奇怪了，因為柯南只是編造了它們，寫在故事裡，因為它們符合故事情節。

這就是為什麼實際上數學有效用這件事會那麼令人著迷。我可以給出許許多多數學如何有用的例子，下一章中我要做的正是這件事，重點將放在數學如何直接影響我們的日常生活。在本書最後一章中，我將再回到數學怎麼可能有效用這個問題上，這個問題從我作為哲學家一開始就深深吸引著我。

不過那並不是我在本書所要討論的最重要問題。首先，我們得確立數學是有用的，而且你自己懂一點數學是重要的。畢竟，如果你沒有需要用得到，知道數學有用又與你何干？難道不和數學有任何關係就不能過著幸福快樂的日子嗎？

第二章
分離的
世界

A life without numbers

沒有數字的生活

在蔚藍的天空下，有個人正駕著船，沿著亞馬遜雨林心臟地帶的邁西河（Maici）順流而下。河岸上有個小部落，幾乎從未與外面的世界有過接觸。這個人每年都會來一次，希望帶回去盡可能多的巴西堅果、橡膠和其他的天然物產。他的船上照例滿載著威士忌、菸草，還有更多的威士忌，來做交易。

和皮拉罕人（Piraha）做生意是一種挑戰。他們和外界做了200年的生意，仍然只懂幾句葡萄牙語。幸運的是那已經足夠讓這個人得到自己想要的東西——價值不菲的巴西堅果和橡膠，其價格足以讓其他商人妒羨不已。然而，價格差異幅度極大，有時候皮拉罕人用一桶巴西堅果交換一根香菸，有時候一小把的堅果就要價整包菸草。除此之外，事情很簡單，皮拉罕人從他的船上挑選貨物，直到他開始抗議為止。

皮拉罕人用完全不同的態度看待交易。雖然巴西商人搞不清楚他們的威士忌或菸草價值多少，皮拉罕人卻不認為這有什麼問題。他們沒有數字的概念，所以不用固定的價格，因為他們不知道怎麼做。他們也看不出有什麼理由要這麼做，但是他們心裡對不同的商人有著清晰的印象；他們知道哪一個誠實，哪一個總是想少付一點。

這些都是丹尼爾・艾弗列特（Daniel Everett）的發現，他是一位美國的研究人員，曾在皮拉罕人中住過好多年，是極少數能說皮拉罕語的外來人。艾弗列特發現皮拉罕語中沒有數字。他們有時候談及一個大約的量，但卻沒有「一」這個字（他們也沒有「紅」這個字，也沒有表達完成式的方法）。這使得皮拉罕是極少數完全不使用數學的文化，他們的語言（就像很少數的其他語言）沒有關於直線、角或其他幾何概念的詞。由於數學的存在只有 5,000 年，這個特殊的社會提供了關於人類過去獨特的一瞥。

這樣一來，我們的文化和皮拉罕文化之間就有著巨大的差異。他們並不在意記錄東西的價值或知道現在的時間，甚至有沒有足夠的錢撐到月底。他們沒有貨幣，而是以貨易貨。這一切之所以可能，是因為他們的群體很小。每個人彼此相識，只有活著的人才重要。他們也不追蹤家譜；一個人若是死了，一旦所有認識他的人都死了，他也就被遺忘了。皮拉罕人的生命只聚焦當下的時空。

在這樣一個文化中，對數學並沒有什麼需求。在皮拉罕人的堅持要求下，有段時間艾弗列特嘗試要教他們數學，卻徹底失敗了。8個月的時間，每天艾弗列特教他們數字和幾何形狀，要他們畫一條直線，或者把1到5依序排列。然而，那段時間內，他完全教不會他們任何數學知識。

他們沒有學習數學的能力？或許他們還是行的，可是皮拉罕人對於外來的知識似乎不感興趣。他們不相信問題的答案會有對有錯。當艾弗列特提示數學問題的答案可能不對時，他們畫一些符號，或隨便寫下幾個數字。有時候，他們完全不理數學，逕自談論那天發生的事。就算叫他們連著畫兩條直線，對他們而言也算太超過了。

聽起來很像以前我自己的數學課，除了皮拉罕人是自願上課的。雖然在數學的學習上沒有什麼進展，艾弗列特總是會做些爆米花，這是讓大家聚在一起，知道彼此近況的好機會。或許這和我高中的時候沒什麼太大差別。

一個距離皮拉罕很遠的島

這個世界上只剩下很少的文化不使用數學，皮拉罕是個極端的例子，他們根本沒有數字相關的詞。而在巴布亞紐幾內亞（Papua New Guinea），有一些部族是有那些詞語，不過幾乎不使用。他們沒有用到數學，卻也生存下來了。

羅伯達（Loboda）人住在諾曼比（Normanby），巴布亞紐幾內亞較大島嶼東面的一個小島。他們使用身體的部分來計數，例如在他們的語言中，「6」的字面意思就是「一隻手再加上另外一隻手的一根手指頭」。但是並沒有什麼用處，因為在我們用到數字的情況下，他們卻覺得沒有理由需要這麼做。

以貨幣為例，我們用錢來買東西，每件物品都有一個數字代表的價錢。羅伯達人也有貨幣：硬幣和紙鈔，他們可以用來交換歐元或英鎊，但是不能在社交場合中以金錢作為禮物。他們收到一份禮物，稍後必須要回贈完全一樣的禮物；如果鄰居在一個場合中送給他一籃番薯，他必須在後續場合中回贈一籃一模一樣大小的番薯。不能是金錢或其他同等價值的東西，必須是數量剛剛好的番薯。

對我們而言，「數量剛剛好」是指番薯的數目一樣多，但羅伯達人從來不數籃子裡番薯的個數，他們只是大約估計一下。他們看籃子是全滿，還是半滿。如果沒有全滿，你可以多少再加一些，讓它看起來沒有什麼差異。

其他的情況中，羅伯達人也不用數字。當我們談到年紀、長度或時間時，很快就會訴諸數字：幾歲、幾公分或幾英吋長，或幾分鐘前發生了什麼事。羅伯達人當然也談論這些事，但他們會通過與他們熟悉的東西作比較，來描述某個東西有多長，例如一條鍊子是前臂的長度。聽起來類似我們的英呎（foot），只不過並不是用來作量度的單位。對他們而言，兩腳長或兩前臂長都是無稽之談，如果東西比一個前臂還長，他們就和其他的東西作比較。

描述某個人的年紀，羅伯達人會說跟嬰兒、孩童等一樣大。時間的描述也一樣，例如：需要的時間和從村子到下一個島的旅程一樣久。沒有數字，他們也活得好好的。

巴布亞紐幾內亞的另一個部族尤普諾人（Yupno）對此絕對表示同意。他們的村落在瑪當省（Madang）2,000 多公尺的山上。和羅伯達人一樣，他們也用身體的部分來計數。雖然並不是每次都依照相同的方式，一般而言，就如下頁圖所示。要表達一個數字，就說出對應的身體部位的名稱或者指一指那個部位。這種計數系統對

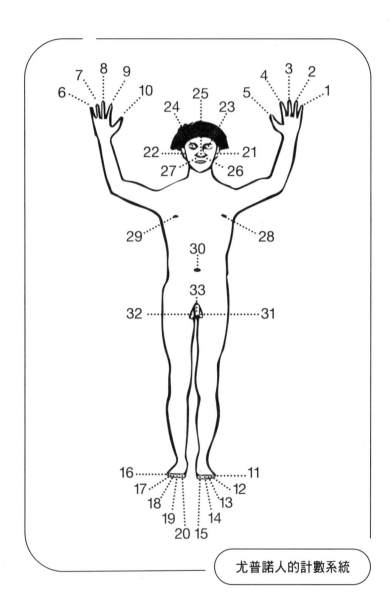

尤普諾人的計數系統

男性來說沒什麼困難，但有些部位對女性而言就有點尷尬了。

　　尤普諾人也會用枝條來計數，一次一條的放下。因為他們居住的地方並不那麼偏僻，部族裡大多數的年輕人都受過一些西方教育，他們用類似英語的巴布亞皮欽語來數數。

　　尤普諾人因此有三種計數的方法，但卻不是經常使用。他們給每樣東西一個固定的價值，但並非以多少個硬幣來表示。他們把貨品擺成一堆堆，每堆價值都是一枚 10 托伊的硬幣，托伊是巴布亞紐幾內亞的貨幣中較小的單位。一堆菸草要比一堆食物之類的來得小堆，你不能只買一根香蕉，你必須買和那枚硬幣一樣價值的一堆香蕉。這讓他們免於找零的麻煩，因此幾乎不怎麼需要計數。

　　不過有個非常重要的例外，那就是嫁妝。尤普諾人的嫁妝主要是豬隻和金錢，而他們有兩種計算方式。他們大聲地數，有些用身體部位，有些則用枝條。這麼一來就免除了混淆，畢竟每個人計數的方式不同。例如，如果由手直接就到耳朵，那麼右耳表示 12，而不是左圖中所示的 22。這個時候，枝條就是個追蹤記錄的好方法。

　　既然尤普諾人花那麼大力氣數清楚嫁妝，研究人員想或許可以利用嫁妝來教他們數學。他們問部族裡的一個老人，「你需要 19 頭豬來作嫁妝，你已經有了 8 頭，你還再需要幾頭？」答案出人意料之外：「朋友啊，我沒錢再買一個老婆了。我到哪裡去找那 8 頭豬？再說，我也老了，沒那個精力了。」

量度沒有必要！

總而言之，這些部族不使用數字，也能存活。可是，難道他們量度東西也不需要數字嗎？他們難道不需要起碼懂點數字、長度、距離來建造東西或找到道路？顯然沒這個需要。皮拉罕人、羅伯達人、尤普諾人，還有很多其他文化，不靠數學也能做這些事。

有一些巴布亞紐幾內亞的部族會建造獨木舟。由於這個國家就是由島嶼組成，他們也沒有別的選擇，至少在以前，這是他們由一個島到另一個島唯一的旅行方式。尤普諾人居住在山上，他們沒有這個需求，但是沿著海岸的部族就需要堅固的船隻，才不至於在海上突然沉沒。他們建造時，沒有標準量度的藍圖，也沒有樹幹厚度的規定，他們靠的是經驗，把新建的獨木舟和從前的作比較。

他們以簡單的量度方式來支持他們的經驗，不是捲尺或直尺，而是前臂，或者像基里維納群島（Kiriwina islands）上的人們，用的是姆指及手掌。這讓基里維納群島上的人們在量度上更為精確。也該如此，因為這些島嶼很小，人們多半時間都在海上，因此他們對量度獨木舟十分謹慎，雖然他們從不改變基本形狀。

比起獨木舟的大小及形狀，更為重要的是木頭的厚度。如果太薄，很容易受損；太厚，則獨木舟的載重量就減少。巴布亞紐幾內亞的部族並非用什麼精確的方法來測量木頭的厚度，他們有些用腿，有些發現可以用快速的一擊，來聽出木頭是否夠厚，以確認獨木舟是不是安全的。通常在下水之前，他們也不清楚獨木舟的載重量。

島上還是需要建造各式各樣的東西，例如跨過河流或山谷的橋梁。顯然你在事前無法測試一座橋，或從它的形狀判斷它是否安全。這些人如何知道一座橋是否足夠堅固，目前還是一個謎。他們這麼做，已經有很長的時間了，沒有人記得他們的祖先是如何開始這麼做的。

科瓦比人（Kewabi）住在主島中部，他們完全不靠精確的度量，就能建造橋梁。他們估計從河流一岸到另一岸的距離，找尋看起來夠長的樹幹，承擔橋梁重量的柱子也是這麼選的。就像舊金山的金門大橋，靠的也是柱子及纜索，這些柱子伸出橋面。然後他們得用夠長、夠粗的繩索……。科瓦比人憑藉良好的估計能力及累積的經驗，在建造橋梁方面毫無問題。

許多巴布亞紐幾內亞的部族也靠著結合估計和經驗，建造他們的住家。然而，他們的做法差異甚大，例如有些建造方形的房子，有些只建圓形的。

卡得人（Kâte）住在巴布亞紐幾內亞東部的芬什港（Finschafen），他們建造的房子是長方形的。他們先做出兩條繩子，一條是房子的長度，一條是寬度。當他們收集建築材料時，就用繩子來看是否足夠了。這樣省了不少事，也不用砍伐比需求還多的樹。

並不是所有的部族都是精確的建築者。瑪當省的一個部族建造時不用繩子，也不用其他輔助測量的工具。他們有他們的標準流程：先在一個長方形中豎起 9 到 12 根柱子，差不多等距排列，作為房子的基礎。然後只憑他們的估計能力，在柱子上建造房子。

卡韋夫村（Kaveve）中的人，也把房子建在柱子上，不過是圓形的。入口是一個圓孔，就在圓形地板的邊緣，中間留有火爐的空間。他們用繩子來制定出兩個圓的大小。圓孔入口要盡量的小，以防氣流。因此他們丈量村子裡最胖的人，只要他能夠穿過，那就足夠了。卡韋夫的人的確用到度量，不過範圍非常侷限。沒有人計算需要多少木料，也不管面積是多少，直接就收集建材，憑著直覺進行建造。繩子告訴他們每樣東西要有多大，僅此而已。不靠數學，也能蓋房子、造橋梁和獨木舟。

處理小數量

是的，有各種不同文化幾乎不使用數學，就算會用，就算有數字系統，他們也沒有使用的需要。他們能夠相當準確的估計長度和數量，這樣就省了很多時間和麻煩。可是，這怎麼可能呢？是什麼讓我們不用數學而能夠進行貿易、供給食物、建造橋梁？最近幾十年，科學已經找到這個問題的答案——我們使用大腦的某個部分來處理數量。這就是為什麼就算我們從沒學過其背後的數學原理，還是能夠估計長度，或識別正方形。

大腦中處理數量的部分可以清楚地分為三個部分。第一部分處理小於 4 的量，也就是說，我們可以馬上看出 1 個蘋果和 2 個蘋果的差異。另外一部分處理較大的數量，第三部分則是對幾何圖形的認知。這就是為什麼以前從未看過地圖的人，卻會利用它來規劃由 A 地到 B 地路線。

即使是嬰兒時期，我們也能輕鬆地處理小數量。我們天生就能分別 1 和 2。當然，指的不是這兩個數字，而是一個東西和兩個東西。例如，如果嬰兒看著畫有一個點的一張紙一段時間後，突然看到一張畫有兩個點的紙，會露出驚訝的神情。他們的驚訝神情顯示出他們明白他們看的是另外一個東西。科學家可以由嬰兒觀看那張紙時間的長短，來知道這件事。嬰兒很快就會對同一個影像失去興趣，但是如果是不同的影像，就會觀看久一點。

這讓研究人員能更深入探索嬰兒對周遭世界的期待，而且得到了令人驚奇的結果。例如，嬰兒似乎已經知道加減。如果你給嬰兒看了兩個洋娃娃，然後拿走一個，嬰兒期待只會有一個剩下。如果開始有兩個洋娃娃，拿走了一個，居然還有兩個洋娃娃在那裡，嬰兒就會很驚訝。在他們學習數學之前，顯然已經知道 2-1=1 而非 2。

當然，嚴格說來，這並不正確。我們現在知道令嬰兒驚訝的是，有一個洋娃娃突然出現，而他們之前全然不知。如果他們看到 1+1=1，同樣會覺得驚奇，這時候他們的驚訝是一個洋娃娃不見了，而他們居然不知道。這是因為我們大腦中有一個部分追蹤記錄事物，像是什麼顏色、多大之類的。當我們專注在某個事物上時，我們會記錄那個事物，嬰兒也是一樣，因此他們會注意到某樣東西突然不見了或突然出現在他們確定之前並無東西的地方。

我們的腦子只能這麼詳細地記錄很少數量的東西，對嬰兒來說最多是 3 個，超過這個數目，他們就很困惑了。在一個實驗中，嬰兒需要從兩個東西中選擇一個。他的左邊是一個盒子，裡面有 1 塊餅乾。他們目睹餅乾放進盒子裡，因此他們知道是有 1 塊。他們右手邊的一個盒子裡有 4 塊餅乾，他們也看到餅乾被放入。那麼，他們會選哪一個盒子？他們會爬向哪一邊？

說也奇怪，他們並不是永遠選擇右邊的盒子。我們一般會認為能分辨 1 塊餅乾和 3 塊餅乾差異的嬰兒，應該能夠分辨 1 塊和 4 塊的差異，事實上並非如此。如果右邊的盒子裡有 4 塊餅乾，他們完全不清楚哪一個盒子的餅乾比較多，他們只是隨便的選。大腦中分辨小數目的部分超載了，於是放棄了。在 22 個月大之前，幼童並不能分辨 1 和 4 的差異。

22 個月左右的突破性發展，不是因為大腦突然能夠同時處理四樣事物。成年人或許能夠做得到，但即便如此，同時追蹤四樣事物也是一種挑戰。我們並不知道究竟是什麼原因，或許是和語言有關。如果孩子的母語區分單數和複數，他們就能更快掌握 1 與 4 的差異。例如，日本的孩子要花較長的時間來分辨這種差異，因為日文中並沒有單複數的分別，但稍後他們就會追上。而說荷蘭語、德語的孩子，要花更長的時間學會比 10 大的數字；德文中，24 讀成

「四和二十」，而日文和英文一樣，讀成「二十和四」，這讓孩子在成長時，能夠明白數字如何進展。在法文就更困難了，九十讀成「四個二十加十」。

因此語言對數字學習相當重要，不過，最重要的還是分辨一個東西和多個東西，或許這就是孩童學會「一」這個詞含義的基礎。孩子們會順口溜的念著「1, 2, 3」等等，但是當你叫他給你一個玩具時，他就給你隨便一個數目的玩具，不管你教他一個一個的數了多少遍。

這就是我們如何由與生俱來的知識累積更多知識的方式。當我們學會了「一」的意思時，我們也學會了「二」就是「一和另外的一」。這一切之所以可能做到，最終還是因為我們大腦中管理小數量那部分的作用——非常方便，尤其是在學習準確數字上。在本章前面所介紹的文化中，大腦處理大數量的那個部分，更為重要。

我不知道準確的數字！大腦與大數目

當我們要處理的事物比 3 多時，大腦中另外一個部分開始發生作用，這也是一出生就具有的。嬰兒立馬就能區分 4 個點和 8 個點的差異，然而——這也是這部分的大腦與處理小數量那部分的差異——我們無法區分所有大數目。例如，嬰兒看不出 4 個點和 6 個點的分別。然而，他們確實知道 16 個點比 8 個點多。這是因為當點的數目超過 3 時，我們無法準確說出有多少。我們能夠區分某些事物之間的差異，卻對另外一些沒有辦法。新生兒能夠分辨一張紙上的點數是否至少是另一張紙上的 2 倍；也就是說，他們無法知道 6 比 4 多，但是知道 8 比 4 來得多，這全靠兩個數目的相對差異。這麼想吧：一眼之下看出 100 與 105 的差異要比看出 5 與 10 的差異難多了。

　　隨著年齡增長，能夠看出的差異愈多。到幾個月大的時候，他們已能區分 4 個點和 6 個點了，只是 1.5 倍之差。一般而言，成年人能夠看出 13 個點要比 12 個點為多。他們或許不是每次都對，但一般而言，他們看得出哪一個比較多。另外一方面，如果不是一個一個的數，幾乎不可能分辨 20 個點和 21 個點的差異。

　　到最後，一個一個的數效果比較好。不同於我們不經點數所能看到的，數字是精確的。這就為什麼羅伯達人不知道他們到底給了別人多少番薯。他們可以看出大概有多少，而且如果別人給出的少了太多（或多了太多），他們馬上就會知道。不過多一個或少一個就很難注意到了。

因此，即使嬰兒在對數目有任何知識之前，有時候似乎已經能夠應付大數目了，然而我們對大數目的處理方式仍不同於小數目。那個用洋娃娃測試嬰兒對 2-1=2 反應的實驗，也可以用來測試他們對 5+5 =5 的反應。他們知道這是錯的，而做出驚訝的反應，而他們發現 5+5=10 完全正常。這是不是意味著我們已經教過他們大數目的計數？

同樣，這正是研究人員在 2004 年所進行一項實驗的結論；不過，關於這點，我們現在知道得更多。儘管嬰兒對 5+5=5，表示驚訝，他們對 5+5=9 就和對 5+5=10 一樣不那麼在意，因為他們無法分辨 9 與 10 的差異。因此，讓他們感覺驚訝的是只看到 5 個洋娃娃，而他們預期看到更多。他們並不期望看到剛好 10 個，如果他們懂得用數學算出來，才會有這樣的期待。他們的預期並沒那麼精確，比 5 多但不至於多出很多。遺憾的是加法和減法都是必須學習才會的。

這究竟是怎麼回事？大腦到底如何讓我們看到這種差異？人類仍然不知道答案。在我告訴你們我怎麼想之前，我想先說明大腦中處理長度、時間之類事物的那部分。

長度也是不能單憑觀看就能準確知道的數值。當然，我們看得出一樣東西大約是另外一樣的 2 倍長。我能看出長方形桌子的長寬差異，但是不能準確知道差多少公分。我可以亂猜，但是多半時候會錯得離譜。對於時間也是一樣的。我大約知道某件事要花多少時間。我知道 10 秒鐘和 5 分鐘或者 1 小時與 2 小時的差異，但並不能分辨 1 小時與 1 小時又 1 分鐘。

　　聽起來是否很熟悉？可能是的，因為我們處理長度和時間的方式與處理數量的方式很類似。嬰兒也從出生開始就能察覺長度的差異。如果兩個聲響間隔時間有相當的差異，他們甚至能聽出哪一個間隔長些。隨著年齡增長，他們愈來愈能看出差異，也愈來愈善於識別長度與時間間隔。但是，如果沒有測量，我們不會知道準確的長度。科瓦比人建造的每一座橋梁，樹幹長度是否正確都是從錯誤的嘗試中得到的。跨越的長度愈長，出錯的機會就愈大，因為他們不知道究竟有多遠，直到把樹幹橫跨河流時。

　　這些沒有測量及計數部族的估計能力，我們都具備。我們生來就有這些能力，而且隨著年齡增長逐步精進。有些其他物種，例如靈長類、老鼠、金魚等，也能看出數量、長度的差異。幾乎所有物種的大腦，都有一部分用來處理這類事物。這怎麼可能？是什麼讓我們能夠不靠數學就能處理數量？其他的動物又是怎麼辦到的呢？

　　我的答案是：由於能夠處理長度和時間，我們的大腦利用這些訊息來處理數量。我們很容易就能夠理解長度以及其他視覺現象的事實，使得大腦能夠利用這種能力來學習更多抽象的事物。根據我們觀察到的長度、表面積等，大腦開始抽象化，因而得到數量。

為什麼我會這麼想？部分原因是我們能夠對大腦玩各種把戲。我們可以看到，大腦中關於長度等的部分是理解數量的基礎，因為關於長度的誤導訊息也會影響我們的估計值。當大腦經由將長度、密度、時間等抽象化來學習數量，這正是我們應該期待的。

最讓人信服的例子是下面的圖形。很快的瞄一眼，不要計算，也不要思考太久；哪一個圓圈中點的個數最多？有很大的機會你會和我一樣，選擇最右邊那個圓

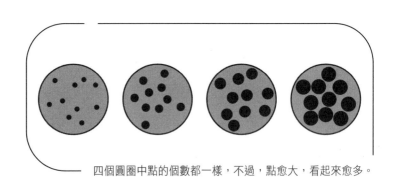

四個圓圈中點的個數都一樣，不過，點愈大，看起來愈多。

圈。那個看起來最擁擠，可能包含的點個數最多。不過，那個印象讓人產生錯誤想法；數一數，你會發現每個圓圈中的點數都一樣。

這些就是大腦常犯的錯誤。而由於這些錯誤清楚地顯示了哪裡可能出錯，因此也告訴了我們有關大腦運作方式的一些訊息。還有些其他方式，大腦的運作並非最佳。例如，我們要決定一個數比另一個數大或小，如果這個數字在「對」的一邊，會有助解答。大腦預期較小的數目在左邊，較大的數字在右邊；如果數字以這種方式呈現，我們比較會給出正確的答案。當我們被問到 9 是否比 5 大時，如果 9 在 5 的右邊，我們回答得會快些。9 在左邊或右邊時，思考時間差異之小，你根本注意不到，不過用個計時器就可看出。同樣，當 9 是那個較小的數字，例如 9 比 15 大嗎？如果 9 在左邊，回答就會快些。

這件事並不適用所有的人。例如，對於說希伯來語的人，剛好相反。希伯來文的讀寫是由右往左的，如果較小的數在右邊，比較容易辨識。對於精通兩種語言的人，就更加困擾了。如果一個人懂得希伯來文（由右到左），又懂俄文（由左到右），那就要看他們上次閱讀的文字。如果是希伯來文，大數字在左邊較容易決定；如果是俄文，大腦會喜歡大數字在右邊。

換句話說，我們的大腦將數字連結到我們所看到的。數目的位置決定大腦如何處理它，不僅當它是個準確的數值時，例如 9

或 15，在它是一堆點的時候也一樣。我們不是唯一這樣做的動物，小雞也喜歡看到數目多的點在右邊。足夠的理由表明，小雞估計數量的能力也是來自牠們對長度的掌握。

認識幾何圖形 —— 就算小雞也會

如前所述，我們知道人們如何不使用數學而從事各式各樣活動，諸如貿易、建造橋梁或航行的船隻。但還有一個數學分支對人類社會也很重要——幾何學。我們需要了解幾何形狀才能建造房屋，例如：房子加長了，如何影響表面積；圓的半徑改變了，又會如何。幸虧我們也有與生具備的幾何能力，使得我們得以做到這些事。

我們大腦中甚至有一個部分掌管形狀，尤其在於確認我們找得到方向。此外，不僅人類有這個能力，其他動物，包括小雞，也能認識到形狀，並藉此找到藏起來的食物。當然，這不是動物唯一找到方向的方法；遷徙中的鳥類，靠太陽及星星導航，昆蟲利用足跡的氣味找到它們的巢穴。對形狀的認知並不是必要的，可是卻很有用，例如巢穴在一個圓圈的中心或長方形的角落。

　　研究人員很容易就能複製情境來測試動物和兒童認知形狀的能力。他們把一小部分食物藏在一個某個特定形狀的空間裡，觀察測試對象往哪裡去尋找。下圖中，展示的是在長方形空間的實驗。小雞由長方形的中心開始，要找尋埋藏位置在某個角落的美食，這

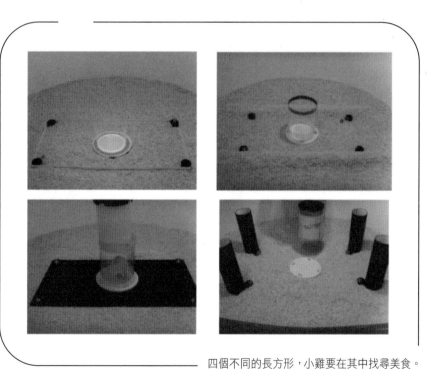

四個不同的長方形，小雞要在其中找尋美食。

是研究人員當著小雞的面埋下的。為了增加難度，小雞開始尋找美食前，先被快速的轉了好幾圈。小雞似乎知道美食藏在某一個角落的位置，從長方形中間來看，長方形的長邊在角落的左邊。在旋轉之後，牠只往兩個地方查看，左下角和右上角。其中一個是正確的位置，另外一個是它的鏡像。這個已經是很完美的結果，因為不可能再由此二者中選一個了。這兩個角落的左手邊都是長邊，除此之外，對那個轉暈了頭的小雞，就完全一樣。這顯示了小雞認識並且記住了長邊在左邊的信息。

有時候小雞認不出長方形。圖中下面兩個圖，小雞並不知道自己是在長方形中，牠搜尋四個角來找美食。雖然小雞頗擅長認知圖形，牠們有時候還是弄不太清楚。

還有別的動物也能認識幾何圖形，但都有類似的侷限性。老鼠、鴿子、魚及恆河猴都顯示分辨不同形狀的能力。而對我們這一個物種，孩童很自然地就能處理形狀。一個在長方形房間裡找尋糖果的小孩，只會找兩個地方：正確的位置以及它的鏡像。即使提供了更多的訊息，例如，告訴他們藏糖果地方的牆，顏色不同，他們還是繼續這樣搜尋。直到年齡稍長，他們才知道利用這些訊息。

現在的問題是，這些實驗真的證明了孩童以及動物能夠認知形狀？他們知道長方形是什麼？還是他們只是知道，有樣東西在左邊是長牆的那個角落。更進一步的實驗顯示，他們真的考慮到形狀，不只是角落與長度。

例如，我在辦公室時，大腦會活躍地記錄房間的圖像。我不僅記得書桌所在的角落，長邊牆在左手邊；還有在我的身後，左邊還有一張桌子，右邊是一扇門等等。當然我對這個房間十分熟悉，畢竟我幾乎每天都在此工作。不過，無論何時，當我們進到一個新的房間，也會在腦海中勾勒出房間的圖像。即使蒙上眼睛，也能描述出大致的陳列，並且指出幾樣顯而易見的東西。

你不記得的是你在房間裡的準確位置。想像一下，你被蒙著雙眼，有人把你快速的轉了幾圈，因而你不知道你面對的方向。當然，你無法再次指出房間中不同物品所在的位置。即使有燈光，而且蒙眼布很薄，能讓光線穿入，你還是說不出各樣東西在哪裡。但你還是能描述出房間中物品的陳列情況。你腦海中有所在空間的圖像，但是你的大腦完全無法知道你的位置。

要勾勒出圖像，你必須具備認知形狀的能力，如幾個角、牆與牆之間的關係等等。雖然上面的例子講的是成年人，但大量的證據顯示，對於孩童和動物一樣適用。證據甚至顯示，針對正方形、圓形等，大腦有個別的神經元。

幸虧有這些神經元，生活中沒有數學的人群，也能處理幾何形狀。生活在亞馬遜雨林中的皮拉罕人、蒙杜魯庫人（Mundurukú），不使用數學，完全依靠與生

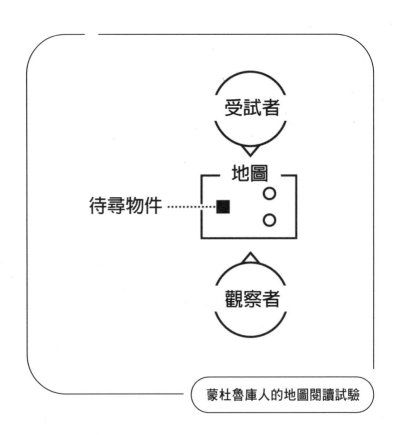

蒙杜魯庫人的地圖閱讀試驗

俱來的能力。蒙杜魯庫人參與了一項與形狀有關的實驗，他們觀看的一張紙上有 6 個幾何圖形，其中 1 個和另外 5 個不同，例如 5 條是直線，1 條是彎彎曲曲的線。問題是，沒有經過數學訓練的人，是否能夠看出其間的差異，如同我們稍早談到的孩童能否察覺 1 塊餅乾和 4 塊餅乾的差異。有時候測試對象很容易就看出其間差異，像是直線和彎線。有些時候，例如線段中央的一個點，以及其他位置的點，他們要分辨差異就比較困難。

即使不是每次都能正確辨識，這些人並不需要額外的課程來了解形狀和距離。他們的了解程度，足以讓他們至少對於小區域的簡單地圖，不需要輔導就能閱讀。在一個實驗中，一位蒙杜魯庫的婦女在看過一張簡單地圖後，要走到田地中的一個圓柱體。地圖如左頁圖示。圖示是一個長方形，裡面有三個幾何圖形，其中一個的顏色不同於其他兩個。研讀地圖後，那位婦女走到了田地中有顏色的圓柱體處，這表示她明白圖示代表那塊田地。之後在沒有不同顏色的幫助下，她也成功完成測試。

閱讀地圖的能力有其侷限性：有些形狀看來比較難以指認，如果形狀並未以不同顏色標示，找到對的位置更為棘手。還有，與實驗中所用的地圖相比，我們所用的地圖比較抽象，看起來不像它們所代表的區域。然而，實驗證明即使沒有數學訓練，我們依然能夠了解幾何形狀與圖形，而這正是我們所在意的。

數學添加了什麼額外能力嗎？

沒有數字與幾何的各種文化，也能活得很好，那是因為我們生來就知道如何應對數量、距離和形狀。我們大腦的原始設計就讓我們能知道，一個籃子裡有多少番薯，橫跨河流的距離有多遠，或者需要多少樹木來建造房子。

然而，我們不應該把這些與生具備的技能和數學能力混淆，數學是需要學習的東西。嬰兒並不知道什麼是數字或幾何，他們能識別形狀，但並不會考慮或分析它們，考慮並且分析形狀是數學家的事，嬰兒僅只識別形狀並非做數學。

那麼，為什麼還要理會什麼數學呢？現在愈來愈明顯的是，我們似乎並不需要數學來生存。甚至，不學任何數學相關的事物，也可以快快樂樂的過日子。可是從美索不達米亞到埃及，從希臘到中國，世界各地的人們，都不約而同發現有必要深入鑽研數學世界，因為數學給我們增添了很重要的額外事物，人們無法或缺。下一章中，我們將更仔細探究這究竟是什麼。

Math long, long ago

很久很久以前的數學

　　烏瑪（Umma）（今日伊拉克東南一個廢墟城市）附近的一位監工正在草擬他的年度報告。這時是公元前 2034 年，舒辛王（King Shu Sin）統治著這整片地區。這位監工眼前有個大麻煩。每一年國家指定他團隊需要工作的日數，而每一年他們的工作日數都不足。幾年下來，累積的缺工日數達到 6,760 日，而今年，或許再加上他的計算錯誤，這個數字進一步上升到 7,421 日。

　　那個時代，工作日數被當成屬於國家的貨品。對舒辛王而言，沒能生產足夠的穀子之類的東西就是監工的錯。當這位監工去世後，他的房屋、財產及家人會被拍賣，以抵償拖欠國家的債務。

　　對這位監工以及團隊成員，生活都很艱難。女人每六日休息一日，健壯的男人則每十日休一日。沒有人能夠退休；老年人繼續工作，直到倒地不起的那天。舒辛王是如何讓他的體制得以運轉？靠的就是簿記。監工的年度報告是一份循規蹈矩的報告，就像今日那些公司的報表一樣。舒辛王以複式簿記監管他的國家，包含貸方與借方餘額，經由收據、憑單和本票進行驗證。舒辛王的簿記如此全面，在他當政結束之後，不復再見；直到 3500 年之後，公元 1500 年左右，才在歐洲重新出現。更久之後，才有一個國家決定建立一個類似的中央控管的計畫經濟。

這整個體制十分驚人。所要求的工作天數高得離譜，幾乎所有的監工都負債。這個體制的唯一好處就是它為我們留下了無數的泥版。這些收據、貨單以及年度報告都保留下來了，我們因此才知道那麼多關於那個烏瑪監工的事。他那份公元前 2034 年的年度報告出土了，除了幾個汙點之外，可以清楚地閱讀。

這份報告也讓我們知道數字有什麼好處——簿記。如果能夠使用準確的數量，無論計畫或追蹤工作日數都容易多了。數學讓他們更容易管理大量人群，這也是為什麼數學直到人們大量聚居在城市時，才開始發展。

創新挑戰

早在舒辛王之前，狩獵採集者就住在美索不達米

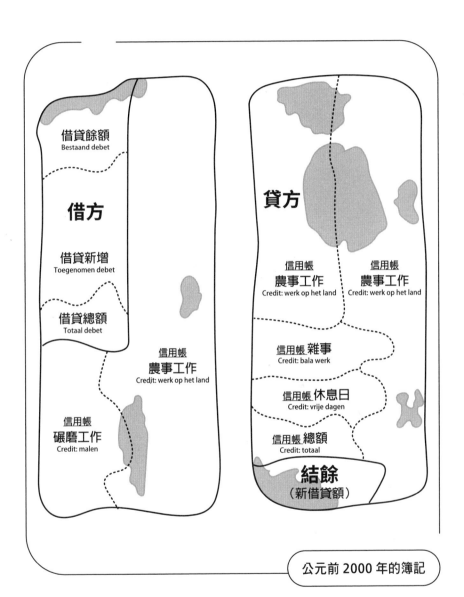

借貸餘額
Bestaand debet

借方

借貸新增
Toegenomen debet

借貸總額
Totaal debet

信用帳
農事工作
Credit: werk op het land

信用帳
碾磨工作
Credit: malen

貸方

信用帳
農事工作
Credit: werk op het land

信用帳
農事工作
Credit: werk op het land

信用帳 雜事
Credit: bala werk

信用帳 休息日
Credit: vrije dagen

信用帳 總額
Credit: totaal

結餘
（新借貸額）

公元前 2000 年的簿記

亞，大約是今日的伊拉克。公元前 8000 年以前，他們就在這個地區建立了第一個定居點，開始種植穀物、蔬菜和水果。結果極為成功，兩條大河以及精巧的灌溉系統使他們得以餵飽愈來愈多的人群。城市應運而生，由於商人來來往往，期望賺錢，人們的接觸更頻繁了。某種形式的中央權威機構變得日益重要。居住在部落的人們要維持法律和秩序很容易，因為人們彼此相識，可是當城市變得太大，就不可能再這麼做了。

政府以城邦的形式逐步發展，而且開始徵收稅捐。剛開始時實行得並不順暢，因為那時候還沒有數字可用，就像羅伯達人和他們的禮物。國家的徵稅並不是每次都一樣，只是大概估計需要多少。因此，人們無法知道繳完稅後還能剩多少，或者查證是否每年的稅率一致。讓事情更為複雜的是幾乎沒有任何語詞告訴人們他們應該付多少。很簡單的一句描述，像是「一籃」，已經隱含了一個數字「一」。在還沒有數字時要談到量是很困難的，不過城邦提出了一個解決方案。

一切都由食品商店開始。在美索不達米亞的蘇薩（Susa）和烏魯克（Uruk），隨著城市的成長，商店的規模也愈大。因為要追蹤記錄食品的儲存量，商人們開始使用小型的泥幣，大小一致，上面繪有不同的標記。每一枚泥幣代表一定數量的食品，例如一籃穀物或者一隻羊。這樣一來你不用在店裡真的看到籃子或羊，你可以由泥幣的數目得知。

泥幣用在愈來愈多的物品上。當蘇薩的收稅官員要告訴人們需要繳交多少籃穀物時，他們遇到了麻煩，因為還沒有關於數字的詞。因此他們用密封的泥封套裝著泥幣，每一枚泥幣代表一籃，一切順利進行，不需要計數。蘇薩的人們大約在公元前 4000 年已經使用泥幣來管理神殿獻金及稅款徵收；儘管事後他們無法得知到底收了多少，因為他們沒有數字來表示。

在烏魯克，當局更進了一步。和蘇薩一樣，他們開始用泥封中的泥幣讓人們知道送出了多少物品或者他們要回送多少，這些封套也保證過程中不會遭竊。然而，他們發現一個泥封裝著泥幣有點笨重。我們不確切知道時間與方式，但是就在某個時候，有人想到可以在信封外面繪上泥幣圖樣。要磨掉泥幣上的標記並不容易，因此信封上的泥幣圖樣就和裡面一枚枚泥幣一樣安全。這些標記逐漸演化為數字。人們忘記它們代表的東西，慢慢的把它們看成代表一籃穀物或一隻羊的符號。這些是最早書寫出來的文字，比其他的文字要早多了。完整的句子出現在泥版上則是 700 年以後的事了。

這是美索不達米亞最早數字的演化歷程。泥幣繪在泥制信封的外面，然後就被泥版所取代了；上面的符號逐漸被更廣泛的使用。

由於一遍又一遍的繪製同樣符號需要的工作量很大，於是設計新的符號以便重複，這就產生了數字——如果你用同樣的符號來數羊隻和穀物，你就是在用數字。一切都是因為像蘇薩和烏魯克那樣的城市變得如此之大，他們需要方便的方式來收稅。

最初的數字看起來像是圓錐形及圓形。這是因為用來寫在泥版上的筆有兩面，背面是圓的，而正面則比較尖；把背面壓入泥中造成圓形，正面則留下了一個錐形。這些數字符號由右邊開始，像側放著的圓錐體的小圖代表 1，重複並列這樣的小圓錐直到 9 個，10 則是個不同的符號——一個圓圈。

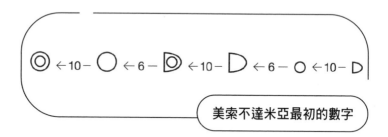

美索不達米亞最初的數字

美索不達米亞人並不像我們繼續以 10 計數。小圓圈在重複 6 次之後，也就是 59 之後，就以一個大的圓錐形代替，表示 60。然後就這樣一系列 10 個，一系列 6 個的交替下去，直到 36,000。比這個還多的，就麻煩了，不過，那個時代哪個店裡會有 36,000 籃穀物？

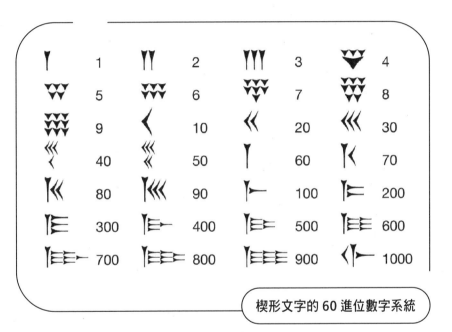

楔形文字的 60 進位數字系統

後來，當美索不達米亞人發展出更為複雜的文字，他們也以不同的方式書寫數字，以便能記錄更大的數字。這些數字的寫法如上圖所示。這些文字現在稱為楔形文字，「楔形」是根據他們形狀特徵而來的。他們也能用這些符號來寫分數，目的都是為了經濟發展。

像烏魯克和蘇薩之類的城邦不只用數字來徵稅，也用來管理食物的供給。他們記錄了商店中有多少穀物及其他食物，田裡還有多少，以及是否足夠養活所有的人。他們估計需要多少穀物來生產麵包，以供應每一個人；如果不夠，就要再種植更多。這也需要計畫；食物太多和不夠一樣糟糕，因為儲存太久就會腐壞。

簿記員是美索不達米亞最好的文士（scribe），和神殿的祭司一起負責計畫工作。文士不只會寫，也要會計數及測量，還有管帳。他們會丈量一塊土地的面積，也會為商人們擬訂合同，有些還要算出一項建築工程需要多少人手。數學用來計畫愈來愈多的活動，幾何圖形用來設計建築物。文士成了建築師，最終成了舒辛王的監工。

美索不達米亞時期的學校功課

當然文士需要接受訓練才能來擔負這些不同的任務。所幸出土了一個公元前 1740 年的學校，我們才對當時的狀況有了相當好的認識，並且知道哪些事對他們而言是重要的。他們不僅要能在腦子裡進行基本計算，或將土地分割成塊，課程還投入很多精力將數學應用到日常生活的問題中。文士的教育就是要能做這些事，在出土的學校發現的一段諷刺性文字，證明任何不懂如何實際應用數學的人會成為奚落的對象。

這段文字涉及一位年輕的文士與一位年長、更有經驗文士間的對話。老人抱怨教學水準嚴重低落，今日的年輕人什麼都做不了，即使是將一塊土地分給兩個人。年輕文士不同意，堅持說自己知道如何將一塊土地分成兩塊。他跟老人說，隨便帶他到一塊地上，他會證明自己能做得多好。老人咯咯笑了，試圖解釋，他要的並非使用繩子劃分土地。他的意思是做計算，這是訂定契約時所需要的，那個愚蠢的年輕人顯然做不來。

數學本來打算用於實際用途，可是，長期以來，那些計算結果與現實的連繫，並沒有明確的講授出來。在美索不達米亞另一座大城尼普爾（Nippur），學校大部分的教學活動就是要求學生一遍又一遍的重複練習。如果你按照老師教的做足夠多遍，終歸會學會怎麼做，這對數學或對其他科目都一樣適用。

尼普爾的學生當然是先學會讀和寫，尤其是反覆書寫成列的單字，直到牢記心中。學會了關於地方、各種肉類、重量、長度等的單字之後，他們開始做數學。這也包括記住乘法表，以及算術、幾何相關的規則。最後錦上添花一下，他們還學會幾個標準合同，沒錯，經過很多很多遍的抄寫。然而不是每件事都靠重複的做。有時候也會有一些實際情境的應用題，讓學生來解決。

1. 一堵牆：寬度為 2 肘（cubits），長度為 2½ 寧丹（nindan），高度是 1½ 丹，需要多少塊磚？

2. 一堵牆：長度為 2½ 寧丹，高度為 1½ 寧丹，磚的體積為 45 薩爾比（sarb），牆有多厚？

3. 一間房子的表面積為 5 薩爾阿（sara），需要多少塊磚才能讓牆的高度為 2½ 寧丹？

　　想要知道這些結果很合理，但也有很多應用題沒有什麼意義。例如：

1. 一堵牆：高度為 11 寧丹，磚塊體積為 45 薩爾比，牆的長度比寬度多 2.20 寧丹（相當於我們現在的 140：2×60 ＋ 20）。牆的長、寬各為多少？

2. 一堵熟磚牆：高度為 1 寧丹，磚的體積為 9 薩爾比，長度與厚度的和為 2.10（我們的 130），那麼牆的長度與厚度為多少？

3. 一堵熟磚牆：鋪上體積為 9 薩爾比的磚。牆的長度比厚度多 1.50（110）。高度為 1 寧丹。牆的長度和厚度為多少？

　　想一想第 1 題和第 3 題：你有一堵牆而你知道長度比寬度或厚度剛剛好多了多少。不過，你怎麼得知的？顯然不是靠測量，否則你已經知道答案了。然而，除此之外，你如何得到那個訊息？聽起來十分牽強。第二題就更怪異了，你怎麼會知道牆的長度與厚度的和，而不知道長度和厚度？這也是你在實用中不需要解決的問題。

　　然而，這些沒有實際意義的文字題，並非用以證明數學在日常生活中多麼有用。它們的本意可能是想測試那些文士學員的數學水平。唯一的缺點是這些更為複雜的數學技巧不再實用。通過提高學員的數學技巧，學校愈來愈遠離最初使用數學的實際原因。這種計算與組建城邦無關。

　　不過，學習這樣的數學並非完全瘋狂。畢竟，你不會知道什麼時候它可能產生有用的結果。觀察下頁圖示，一根竹竿斜靠在一堵牆。假設竹竿 5 米長（c），接觸點的牆高 4 米（b），那麼地面接觸點距牆多遠（a）？

　　如果你還記得三角形的性質，就已經知道答案。竹竿和牆形成一個直角三角形，直角邊的長可用畢氏定理 $a^2 + b^2 = c^2$ 求得。因

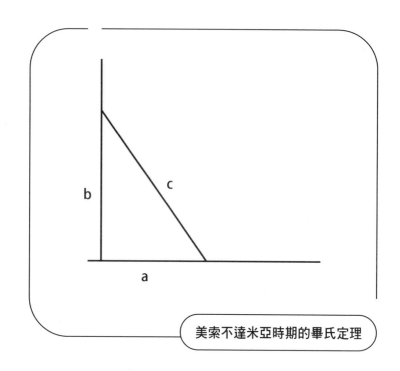

美索不達米亞時期的畢氏定理

為已知 b 是 4 米，c 是 5 米，我們可以算出由牆角到竹竿的距離：

$$a^2 + 4^2 = 5^2$$
$$\Rightarrow a^2 = 5^2 - 4^2 = 25 - 16$$
$$\Rightarrow a^2 = 9$$
$$\Rightarrow a = 3$$

讓人驚訝的是美索不達米亞人已經知道這件事，比畢達哥拉斯還早 1500 年。或許你不會用他的定理來考慮倚著牆的一根竹竿，測量三邊的長還容易些。不過，這對於確認三角形是直角三角形十分有用。如果三角形的三邊滿足 $a^2 + b^2 = c^2$，這就是個直角三角形。

　　美索不達米亞時代數學已經相當先進。他們早在公元前 1800 年左右，已經能夠解答相當多困難的題目，比希臘人早得多了。例如：

$$x^2 + 4x = {41}/{61} + {40}/{3600} \quad \left(x = {1}/{6} \text{ 是一個解。}\right)$$

　　至少，對不是生活在舒辛王時代的人是如此的。舒辛王很擔心數學會鼓勵人們獨立思考。他在位期間禁止課程中教授複雜的數學，因而就有更多時間洗腦孩童成為忠誠的子民。

　　回到我上一章所提的問題：起初為什麼人們開始應用數學？在美索不達米亞，是為了組建城邦。數學讓徵稅、計畫食品供給及建造房屋等變得更加容易。人口那麼多，沒有數學很難處理這些事情。不過，並非所有的數學都有用。解決沒什麼實用價值的文字題是一種地位的象徵，向別人炫耀你有多聰明。就算舒辛王自己也做這類題目，他不許臣民懂任何東西，但讓自己無所不知。

埃及的麵包、啤酒和數字

　　古埃及時代，有兩個人正在考慮要從事什麼行業。其中一人說他要作農夫，另外一個說：「不要，作一個文士。那才是謀生的好方法。農夫從早到晚都得工作，犁田、收割、維護灌溉系統等等。而文士只不過找個暖和的地方，寫點什麼的。」「好吧。」第一個人說，「作農夫不是好主意，那蓋房子呢？」

　　你猜想得出接下來的故事，在這個諷刺故事中，各式各樣的職業都做了比較，每一次的結論都是文士的工作最輕鬆。這個故事的寓意很清楚：「文士計算每個人都得繳的稅款，你忘不了他們的。」今天，這種工作高下的差異沒有那麼明顯，不過，稅務機關還是用到很多數學。

　　古埃及和美索不達米亞很相似。在那裡，數學家，也就是文士們，也在徵稅上扮演重要的角色。不過很大的不同之處，在於我們對古埃及的情況知道的很少。在美索不達米亞，每個人都在泥版上寫字，我們發掘出來的泥版實際上沒有什麼損壞。而在埃及，他們寫在莎草紙上，這種東西很快就腐爛了。還有，古埃及人居住的地方現在還是大城市，像是開羅、亞歷山大等，使得古蹟的發掘比較困難。這就是為什麼只有六份古埃及的數學文本，他們都可追溯到中古王國時代（公元前 2055 至 1650 年）。我們對於吉薩（Giza）

古埃及僧侶體的數字

大金字塔建成的古王國（公元前 2686 至 2160 年）和新王國（公元前 1550 至 1069 年）知之甚少。

可是，埃及人不是在石頭上書寫象形文字嗎？那應該是可以完好保存的。沒錯，不過這上面只有關於國王和神明的故事。他們用了一種完全不同的書寫方式，稱為僧侶體（hieratic script），來保留所有的行政紀錄，那種書體的確包含數字。

這些數字最早出現在書面文獻中大約是在公元前 3200 年，差不多就是美索不達米亞人開始使用泥版的時候。在埃及，最早的文獻也是與行政相關的：人員、地點、貨品（含數量）的清單。有些還記錄了尼羅河的水位，可能也是為了計算稅款。因此，數字首先也是用來徵稅的，以及每年兩次清點糧食的庫存。

如 91 頁圖所顯示，埃及的數字系統和我們的有點相像，9 之後有一個新的符號，99 之後又有一個……。唯一的差別是他們並沒有零（0）的符號，這個符號很晚才在印度出現。

埃及人也有分數的符號，以數字上加一個點表示。數字 2 上面加個點就是 $1/2$。現在，為了讓閱讀容易，我們在上面加個短橫，例如 $\bar{2}$。

對埃及人而言，分數是整數的相反（ $1/_2$ 是 2 的相反）。但是像 $5/_7$ 這樣的分數，並非 7 的相反，也不是一個整數。然而這種分數的確出現，但只出現在行政紀錄中。他們需要一個聰明的方法來處理這些比較複雜的分數，因此提出了一種方案：把這些分數寫成分子為 1 的分數，例如 $3/_4$ 可以寫成 $1/_2 + 1/_4$ ，也就是 $\overline{2}\,\overline{4}$ 。就算 $5/_7$ 也可以寫成 $1/_2 + 1/_7 + 1/_{14}$ ，也就是 $\overline{2}\,\overline{7}\,\overline{14}$ 。你自己另外找一個分數試試，看看有多困難。這就是為什麼埃及人把重要分數的寫法牢記在心。

他們的紀錄中用了很多這類的分數，尤其用來盤點麵包和啤酒的庫存，而這兩樣東西正是他們經濟的核心。那時候並沒有真正的貨幣；直到公元前 390 年，埃及開始向希臘招募兵員，才有硬幣，因為希臘人斷然拒絕接受以麵包和啤酒給付工資，並要求以希臘形式的銀幣支付。因此埃及人開始使用硬幣，並且發現貨幣實際上很有用。

希臘人來到之前，幾千年來埃及人沒有使用貨幣，然而他們的經濟運轉順暢。他們沒有用到貨幣就建造了金字塔，雖然那麼一大幫奴隸的故事是一個謎。建造金字塔的人是有正規薪水的工人。令人稱奇的是他們的工資是麵包和啤酒，有時候數量還是分數。曾經有整份工資清單出土，顯示出就算祭司的薪資也是以這種方式支付，例如每天 $\overline{2}\,\overline{3}\,\overline{10}$ （ $2\,23/_{30}$ ）大桶；關於 $1/_{...}$ 的法則，只有一個例外就是 3，可以用 $\overline{3}$ 表示 $2/3$。這些啤酒並不是打算讓他們自己全部喝掉，而是用來交換其他物品。

這就是當時的情況。如果你需要一張床，你以其他物品換取你喜愛的床。你也可以靠和前任屋主交換物品來買房子。不過在埃及，以物易物不像在皮拉罕那樣隨意，因為埃及人懂得計數。物品的價格相當穩定，對於大件物品如一間房子或一頭牛，他們會找一位文士，文士會擬訂一份合同，記述此次交易，雙方事後也不至於有什麼抱怨。這就是為什麼文士和麵包與啤酒有關，工資清單和合同上都是這類東西。

軍隊也需要食物，因此需要有個文士來確保供給無虞。中古王國時代有份文獻是關於一位文士的，他描述了一種可能出錯的狀況來取笑一位同事。這位同事要估計，例如，在一場長期的軍事行動中，供應一支 5000人的部隊所需要的食物。他的結論是必須要有 300 條麵包和 1800 隻山羊。

軍事行動的第一天，軍隊到達營地，文士準備好了所有的供應物品。他驕傲地呈現他採購的所有物品，軍士們馬上開始食用，希望積聚足夠的能量來應對漫長一日的行軍。一個小時後，他們吃光了所有食物。他們到文士面前，大聲抱怨說：「食物都沒了！怎麼會這樣，你這個笨蛋！」文士無話可說，只能辭職。

文士就像經理人，因為他們具有計數的獨特技能，所以得負責薪資、稅收及分配。他們也要計算尼羅河氾濫前後的土地面積，以便農人可以獲得土地損失的補償。他們甚至計算製作一雙鞋所需要的時間，以便與皮革的供應盡可能的協調。

比起這些數學的實際應用，更令人印象深刻的是埃及人利用數學來建造金字塔。建造金字塔時，你必須知道所需要的角度，最終才會在頂部形成一個尖點。由於建造是由底部開始，你無法做出估計。不過你可以計算，埃及人正是這麼做的。

你需要知道一些細節以便計算：金字塔的長寬是多少，完成後的高度是多少。如果四個側面建造的角度不同，頂部不會形成尖點，因此角度十分重要，它決定了金字塔的高度和外觀。然而，埃及人並不像我們現在那樣使用角度，他們並不談論角的度數，他們有不同的方法。

你可以由觀察當金字塔側面隨著高度上升高度移動了多少，輕鬆地得知角度。這就是所謂的上升（垂直移位）與移動（水平移位）。下頁圖顯示變動的模式。如果是 90 度角，金字塔直往上升而水平移位為 0。角度愈小，水平移位愈大。45 度角時，垂直移位與水平移位相等。換句話說，金字塔側面在水平方向的移動與垂直

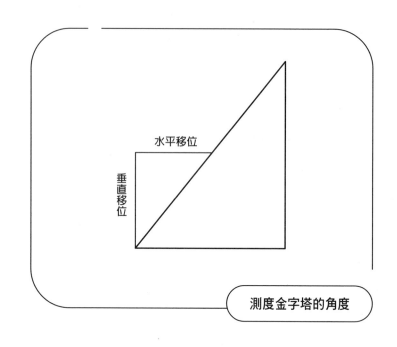

水平移位

垂直移位

測度金字塔的角度

方向的變動是一樣的。

　　總而言之，埃及人在很多事情上都使用數學。由於他們所用的書寫材料，我們對他們了解不多，卻仍有足夠多的莎草紙留了下來，讓我們看到實際上他們和美索不達米亞人用的是相同的數學方法。數學家很重要，主要是負責記錄保存的工作。埃及有巧妙的稅收制度，將尼羅河氾濫的因素考慮進去，也有大宗商品買賣的標準合同。後來，到大約公元前 300 年左右，埃及人採用了較為複雜的美索不達米亞數學，不過在那之前，他們都是自己發展出來的。他們是「不知不覺」就使用了複雜數學的另一個例子。

永遠講理論的希臘人

在古代，沒有人比希臘人更懂得數學，這就是為什麼有那麼多知名的希臘數學家，其中最有名的要算是畢達哥拉斯、歐幾里得和阿基米德。出人意料的是我們對希臘人如何應用數學所知不多。古希臘的史話和文獻倖存下來，然而都是理論方面的。例如，歐幾里得最著名的就是他那本幾何理論的書，包含各式各樣的定義和證明，像是「線有長無廣」。和柏拉圖的說法一樣，它是抽象的，並沒有告訴我們數學如何應用到實際中。其他的理論著述也一樣，對於希臘人如何應用數學，為什麼這麼做以及寫下這些抽象理論的理由，沒有提供什麼見解。

這並不是說希臘人不應用他們的理論。一個令人印象深刻的例子是薩摩島的尤帕里內奧輸水道（Tunnel of Eupalinos）。長達 1200 年的時間裡，這個長 1000 米，寬僅 2 米的隧道，每秒鐘運輸 5 公升的水到薩摩島的首府。希臘人不僅在公元前 550 年成功挖掘了這個隧道，而且他們還是由兩端一起開挖。他們用了某種方法，成功地將隧道的兩個半段於中間連通了。任何一段差了幾公尺，兩組挖掘人員就會在地下錯過彼此了。

我們不知道他們如何辦到的，因為希臘人顯然不認為這有什麼好說的，不像羅馬人對類似的數學應用充滿興趣。希臘人可能是不斷地用直尺及直角三角形反覆測量，並調整挖掘方向。接近中間時，兩端的工作人員十分靠近，聽得到對方的槌聲，然後聽聲辨向，突破最後幾公尺。通過不斷的測量及巧思，他們成功地挖掘了1000 米長的隧道。這項工程如此完好，我們直到現在都還可以參觀遊覽。必要時候，可能還可以當作輸水管使用。

要發現希臘人如何將他們的理論知識運用到實踐中，並不容易，儘管他們的理論成就很先進，其中很多卻僅只是猜測。畢達哥拉斯或許並未想出那個以他命名的定理，美索不達米亞人早就知道了，但他是第一個以現代數學家對自己的理論提出證據的方式，證明這個定理的人。簡潔、合乎邏輯的數學推理展示他們所說的滴水不漏，希臘人就以此著名。歐幾里得有那本證明之書，畢達哥拉斯有他的定理；阿基米德也證明了幾個定理，不過還是以他自己許多其他的成就而聞名，他有充分的理由凌駕其他人。

阿基米德是位物理學家，據稱在洗澡時發現了那個著名的流體力學原理。根據傳說，他興奮到沒穿衣服就馬上跑去報告國王。阿基米德顯然是一位很棒的戰爭武器設計人，有好多年，羅馬人都不敢攻擊他的故鄉敘拉古（Syracuse），光是阿基米德之名就足以制止他們。最後城市還是陷落了，羅馬兵士被派去俘虜他。當時阿基米德正忙於思考一個數學問題，就對他們說「別弄亂了我的圓。」士兵們仍殺死了他，令他們的上級十分惱火。這些傳說是否真實，我們無從得知。還有很多關於希臘數學家的怪異故事，據說畢達哥拉斯曾經把一個學生扔出船外，造成溺水死亡事件，為的是保存他證明了不是每個數都可寫成分數的祕密。

不管這些故事，我們知道阿基米德是一位才高八斗的數學家，尤其擅於思考體積、曲面等。他的墓碑上有一個球及圓柱體，以紀念他最著名的數學發現——他是第一位證明出球體、圓柱體和圓錐體三者體積間關係的人。對希臘人而言，計算幾何物件的體積是個艱難的問題，他們沒有任何公式可用。一個特別困難的謎題是找一個正方形，其面積等於一個圓的面積。這件事還反映在「化圓成方」這句話中，表示做一件不可能的事。

阿基米德證明了圓柱體的體積比等半徑的球體或圓錐體大多

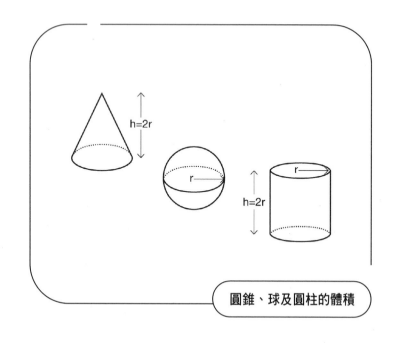

圓錐、球及圓柱的體積

少。上圖中的三個圖形，半徑以 r 表示，圓錐體及圓柱體的高度（h）是半徑的 2 倍（2r），因此與球體的直徑相等。如果你適當的切除圓柱體的一部分，可以得到一個圓錐體，同樣方式，球剛剛好可以塞進圓柱中。推測它們的體積之間有關係很合理，事實上也是正確的。球的體積是圓柱體的三分之二。要算球的體積，從圓柱體的體積中減去三分之一的體積。圓錐體的體積更小，只有圓柱體的三分之一，因此你需要從圓柱體中移除三分之二的體積。由此很合邏輯的就可以推導出圓球的體積是圓錐的 2 倍。

我們如何由這三個圖示得到這些結果？你無法一眼就看出球的體積是圓錐的 2 倍。這就是為什麼阿基米德非常驕傲他證明了這件事，因而把這些圖形刻在他的墓碑上。今天，要證明球的體積是圓錐的 2 倍相當容易，下一章中我們將再討論。

我們知道這些結果得感謝近代數學的發展，包括數字 pi（π）。π 是一個很特別的數，可以用來計算很多東西，例如圓的面積、球的體積等。如果你跟阿基米德一樣，對於圓形物品的體積有興趣的話，π 是很有用的。然而希臘人並不知道 π。他們確定那樣一個數一定存在，卻並不知道它的準確數值。再一次，阿基米德得到了最令人振奮的發現。他所用的計算我們至今尚未完全理解，包括一個有 96 個角的圖形，得到的結論是 π 的值介於 $3\frac{10}{71}$ 與 $3\frac{1}{7}$ 之間，也就是 3.1408 與 3.1428 之間，不算太差的結果，後來的計算結果為 3.1415…直到無限位。

希臘人並沒有做更進一步的計算。他們的理論很機巧，但有很多侷限性：他們只用整數以及整數之間的比值。比值就是分數：$\frac{2}{3}$ 只不過是 2 與 3 之比，不過他們不是寫成 $\frac{2}{3}$，而是一種更為複雜的形式。他們也沒有公式。他們所有的證明，包括阿基米德關於體積的結果，都只是根據形狀和數字。幸運的是，我們現在可以更容易地解決此類問題，但是我們得感謝希臘人，他們讓我們得以利用數學定理來解決。畢達哥拉斯、歐幾里得，阿基米德，還有許多其他人徹底改變了數學。

中國的怪胎

到目前為止，我們看到的文化都很相似。美索不達米亞和埃及很早就開始使用數字，幾乎是他們最早書寫下來的東西。在那裡以及希臘，數學家享有崇高的地位，主要是從事實際問題的工作，不過使用的是通用的方法。

在中國的情形就很不一樣，這種差異從一開始就顯現出來。在中國，可能不是因為行政需要而開始書寫，因為從未出土過物品和數量的清單。另外一方面，卜筮則非常重要，最早的文獻是在甲骨上用來卜筮的符號。雖然中國人在某個時候開始使用數學，地位卻不高，這恐怕是我們對中國古代的數學知之甚少的原因。我們知道的是在相對較晚的時候，大約公元前 1000 年，他們有為曆法及行政目的的計算。

他們採用兩種數字系統來做這些事。他們有關於數

古代中國 1 到 9 的表示法，橫寫及直書

字的語詞，就像一般口語中常見的那樣。那些語詞的形式很簡單，現在還是這樣。354 讀起來就是「三百五十四」，和英文或法文中的寫法類似，比德文或荷蘭文要簡單，在後兩種文字中五十和四的位置是相反的。第二種表示數字的方法就比較具革命性。最早他們是用竹籤，後來改為線段的符號。對於數字 1 到 9，竹籤以特定的形式排列，對於大的數目則以重複的方式來表現，就像數字重複使用 1 到 9 來表達一樣。

就算是用竹籤表示數字的系統也有兩種。上面的圖示中，第一列是橫寫的符號，第二列是直書的符號。中國人用這兩種不同

符號來顯示0。在美索不達米亞及埃及，人們無法分辨有0或無0的數（例如，506和56）。他們沒有表示0的方法，當然就無法顯示出一個數中沒有十位數。而利用兩種符號表示法，中國人是世界上最早能夠表示0的人群。下圖展示他們表示60390的方法。

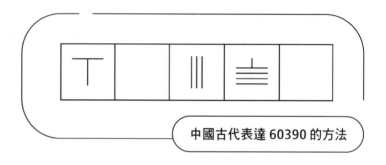

中國古代表達 60390 的方法

他們寫數字使用到這兩組符號。上圖中，3是用直書的符號表示，而9則是用橫寫的符號。這就表示3和9之間沒有0。6和3都是直書的符號，表示它們之間有個0。他們沒有寫出0，因為沒有代表它的符號。兩個相鄰的直書（或橫寫）符號表示它們中間有個0。遺憾的是沒有0的符號，他們還是無法顯示數字之間有多少個 0（圖中用方格顯示的比較清楚）。然而，中國的計數系統是一項巨大的突破，因為人類第一次能用不到 20 個符號表示任何數。

除了聰明的計數系統，中國人也有不同的計算方法。他們可以像我們現在一樣快速地進行乘法運算。要計算 81×81，他們先用竹籤擺好數字，然後一步一步地往上加，先是 80×80，然後 80×1……。他們也有解決更複雜問題的方法，收集在《九章算術》以及後續的注中。該書各章節的標題，讓你對中國人在公元 0 年左右的數學水平有點了解。

1 方田章：不同形狀的面積和分數的計算。

2 粟米章：不同價格物品交易的計算。

3 衰分章：物品與錢財的定比例分配。

4 少廣章：矩形的邊長，圓形的周長，平方根與立方根的計算。

5 商功章：各種形狀的體積計算。

6 均輸章：更加複雜的稅收等比例問題，例如與人數的關係。

7 盈不足章：線性方程式，例如工作時數增加時。工資的增加。

8 方程章：聯立一次方程組，與農產品收穫與牲畜買賣相關。

9 勾股章：畢氏定理的應用。

對中國人而言，數學不關抽象的事，整本書中找不到一個一般性的定義或一段證明。他們關注的主要是通過許多具體的例子解決實際問題。他們希望找出最廣泛可用的方法，只要方法可行，就無需再回溯研究其中基礎的數學原理。

因此數學的首要目的就是實用。任何人學了數學之後，要處理的就是徵稅、建築、戰事以及許多其他事物。在美索不達米亞和埃及，數學家因此取得了崇高的地位，是大老闆之下的首席經理人，而在中國就很不一樣了。在中國，數學家和匠人一起解決問題，他們更多像是社會的「怪胎」。就算在中國數學最輝煌的時代，數學家還是因被文人輕看而有微言。中國的帝王也決不會吹噓他的數學知識。

想來數學家還是在中國扮演了非常重要的角色。那個時期最著名的就是《數書九章》，大約寫於公元1247年，其中有兩章是關於設防工程及到敵營距離的計算，這在當時與蒙古人的戰爭中是迫切需要的。書中還有許多其他的實際問題，例如信貸制度及建造堤防，還有一些「沒用」的東西，這些問題以不必要的繁雜方式解決。其中一個問題的解答極其複雜，以至於這本13世紀的書所包含的內容，歐洲要到1890年才發現。

簡而言之，在中國，數學基本上也是扮演實用的角色，尤其在組織與行政方面。但它履行那個角色的方式不同於其他的古老文明；以一般性的方法來解決問題，而非抽象的證明；以具體的例子取代定義與基本原理。使用數學的方式不同，使用的原因卻相同。這是個好時機回到我在上一章末尾所問的那個問題——我們為什麼開始使用數學？

　　答案其實很簡單：數學讓我們得以組織城市及其他大型的社會。或許可以不靠數字或數學來徵稅，但事實證明實行起來卻不可能。只要大量人群聚居及貿易，數學就必會隨之發展。都市計畫、房屋建造、食物庫存資料的保存、武器的製造等等都需要數學。我們或許能靠我們天生的本能，但數學能讓我們做得更好、更有效率，也更精確。

　　可以有不同的方式來看這個答案。不同的文化有他們自己的方式來書寫數字。有時候比較簡單，像埃及人寫 $1/2$；有時候就過於複雜，例如埃及人表示 $5/7$。然而從抽象的希臘方式到以具體例子為基礎的中國方式，不同的處理方法都造成了相同的結果。例如，埃及人得以有效的分割麵包，作為報酬分配，而且還能夠藉此顯示地位的差異——神殿的首席祭司分配到的是最低級工人的 30 倍。組織這樣的系統，有數字要比沒數字容易得多。

　　我們在第一章已經探討過這種想法。那一章裡，我們看到數學讓問題變得容易，並提供了實用的答案；這就是為什麼我們一開始就使用數學。城市與國家都有行政管理的問題，光靠天生能力很難解決，於是我們發展數學以幫助我們處理這些問題。這也是為什麼不用數學的文化都很小型——人民居住在村落，彼此相識。城邦與王國過於複雜，不靠數學無法管理。

然而我們也看到發展的數學愈複雜，額外得到的算式並不真正實用，只是表現出某個人數學水平的高低。那麼複雜的數學會有用到的一天嗎？除了簡單的數字及測量，有什麼理由還要更進一步發展數學？我們日常生活中有見到它們嗎？這些問題我們將於下一章中探討。

第四章

很久
很久以前的
數學

Change is all around us

到處都是變化

　　我行駛在瑞典的一條公路上。或許你還不知道，瑞典的公路極端無聊——幾百公里筆直的道路，只有兩旁的樹木。好在瑞典的駕駛人都很守法，遵行固定的車速，於是我開啟了巡航控制，輕鬆的坐正了。與此同時，車上的電腦計算著行車速度與我設定速度之間的差異，需要加速還是減速。有些更高檔的汽車還能檢驗車子是否行在路的正中。它們的電腦檢查車子與所在車道兩側分隔線的距離，還有行進的方向。如果車子太靠近一側，電腦就會調整方向。

　　聽起來很不錯，可是這有什麼難呢？我們自己就能做這些調整，根本用不到做什麼計算。如果需要調整速度，我只需要看看速度計，調節油門踏板，直到達到我希望的速度。用路人需要順應交通流量，不能死板的堅持每小時 120 公里。至於保持行駛在路的正中，誰都會做，不是嗎？

　　沒錯，用路人都會，就算電腦也行。然而，電腦不像我們能感覺到方向盤的反應，或者交通狀況如何。電腦做什麼都得靠數學，這是一個相當不凡的成就。要設計出一個方法，讓我們能夠對變動的過程做出計算並不容易，像是汽車的速度，與旁邊車道的距離等。然而我們找到了這種數學方法，這就是當你開啟自動巡航時車上電腦所用的數學，自動駕駛的車輛使用得更多。沒有數學，我們不會有這些應用。

　　牛頓在數學上取得的突破，讓今日的汽車能有巡航控制功能。至少，英國人認為是他。同一時間，有一位德國科學家萊布尼茲（Wilhelm Leibniz）也提出了完全一樣的想法。要準確的解釋這個想法是什麼，以及每個人（即使在那個時代）發現到的它的重要性，我們得回溯到古希臘時期阿基米德以及他對圓柱體、球體和圓錐體的發現。

　　阿基米德想要證明關於體積的結果。或許你還記得如何計算球體積。有一個標準公式在高中時就深入我們腦海：球的體積是 $4/3\pi r^3$。我們還需要另外兩個公式。圓柱體的體積是底面圓的面積乘以圓柱體的高，也就是 $\pi r^2 \times 2r$，即 $2\pi r^3$。最後，圓錐體的面積是 $2/3\pi r^3$。如何得到這些公式，在這裡並不重要，甚至不需要了解

πr^3。我的觀點是,有了這些公式,你馬上就解決了阿基米德的問題。球體是圓錐體的幾倍大?$4/3$ 除以 $2/3$,就得到球是圓錐的 2 倍大。把圓柱體變為球體後,得到的是圓柱體的多大部分?$4/3$ 除以 2,得到答案是三分之二。希臘數學的精彩部分,在知道這些公式後,不過是小菜一碟。

那為什麼希臘人會覺得這是個大問題呢?首先,他們不如我們,有 π 這個數。更重要的是,要找到這些公式,你得處理無限,而希臘人拒絕做這件事。他們寧願堅持只用整數及分數,顯然這些都是有限的量,與無限無關。這點很重要,因為不是所有的數都是分數或整數,例如,π 就不能以分數表示。今日,我們能用小數的形式表示它,然而問題是,像 π,小數點後的數字無窮多。從 3.1415 開始,然後一直下去。

希臘人很清楚地知道這個數不能寫成整數或分數。我們在上一章看到,據稱畢達哥拉斯故意把一個學生扔下船去,因為他證明了 $\sqrt{2}$ 不能這麼做。然而,他們對這個謎題提出了完全不同於今日的一個答案:希臘人認為你不能用同樣的方式量度每一樣東西。如果某樣東西的長度是 $\sqrt{2}$ 公分,那你就不應該用公分來量度,而是換一個單位,使得那段長度可以表示為它的整數或分數倍。例如,下頁圖中三角形中的長邊長為 $\sqrt{2}$(因為根據畢氏定理,該段長度為 $1^2 + 1^2$ 的平方根),希臘人認為你不能用同樣方式量度三個邊。

你需要用不同的單位（例如，一根長度為 $\sqrt{2}$ 的尺），然後再來處理。

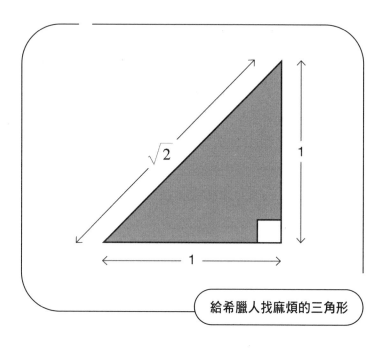

給希臘人找麻煩的三角形

難怪希臘人絕對不會說球的體積是 $\frac{4}{3}\pi r^3$。這個公式裡有 π，是個無法用來做計算的數。第一個真的這麼做的人是荷蘭數學家史蒂芬（Simon Steven 1548-

1620）。史蒂芬的工作根據來自印度和中東的想法，而為歐洲人所採納。他們重大的一步是藉由把分數寫成小數，愈來愈嚴格地對待分數，例如 $1/5$ 寫成 0.2。史蒂芬以一句話總結了 16 世紀末發生的變化：「數字就是用來揭示每樣東西的量。」他完全同意每樣東西都能用單一度量方式來做計算，而我們必須接受諸如 π、$\sqrt{2}$ 之類的數。

如是邁出了很大的一步，因為它承認了無限：例如，我們永遠無法完全寫出 π，而 $1/3$ 就可以，雖然寫成小數也是無窮多的 3，0.3333…。$1/3$ 與 π 的差異在於 $1/3$ 小數點後面的數字不斷重複，因此可預測。你知道下一個數字永遠都是 3，而對於 π，你不知道會是哪個數字。

然而，當我們談到 π 時，沒有人會覺得奇怪。我們對於類似這樣的數已經很習慣了，只有在更進一步的思考時才會覺得特別。例如，0.999…，看起來不太尋常的數，卻很容易證明實際上它就是 1。由於我們知道 0.333…，3 不斷延續下去（你們得原諒我不把它全部寫出來），就是 $1/3$。如果這兩個數都乘以 3，你得到 1。而 0.333…×3 等於 0.999…，那麼 0.999…應該就等於 1。

無限很快就讓你頭昏腦脹，可是沒了無限，汽車的巡航控制就沒法運行。沒有像 π 這樣小數點後面有無窮多位的數，我們就無法討論不停變化的東西，因為沒有足夠的數來做運算。車速不會

由每小時 100 公里馬上就跳到每小時 101 公里，而必須
經過例如 100 $\frac{1}{2}$ 、100.1415…（小數點後面有無窮多
個數字）。速度測量中欠缺這種數字，就沒辦法測量每
小時跑幾公里，就像沒有 $\sqrt{2}$ 這樣的數，就不能量測所
有三角形的邊。

牛頓與萊布尼茲

阿基米德的時代並沒有足夠的數字，讓他能夠像
我們現在那樣考慮體積。由於他不能夠用相同的單位來
測量所有長度，數學對他沒什麼用處。數學家只有在認
識到不僅只有整數與分數後，才能計算體積與不斷變動
的事物。

最早開始做這些工作的是牛頓和萊布尼茲。1660
到 1690 年間，他們倆各自獨立地發明了一種新形式的
數學。他們都不相信對方有完全一樣的想法。他們發明
的東西已經成為數學中著名的，也是惡名昭著的一個分
支，就是微積分。他們的新方法讓他們能夠量度事物變
化的速率，以及一段時間內的變化總量。微積分中的這
兩部分稱之為微分與積分。

兩個數學家各自做出了突破性的理論，只是兩個理論實際上完全一樣。誰是那個第一人？誰應該在歷史上留名？這就是個大問題了，尤其牛頓是英國人而萊布尼茲是德國人。在當時這兩個國家可不特別友好，他們轟動一時的發明，成為關乎民族自豪感的大事了。

　　1684 年萊布尼茲發表了他的發現，一個計算變化的方法。數學家馬上熱切反應，萊布尼茲聚集了一小群的數學家，更加詳細地研究「他」的新理論。1693 年他甚至出版了一本書，對更為廣泛的大眾解釋微積分。另一方面，牛頓幾乎沒有發表任何東西。和他比較親近的人知道他發現了一個新的數學方法，可是沒有人確切知道究竟是怎麼回事。他對自己的方法盡可能保密，這樣他就是唯一會用的人。

　　當萊布尼茲突然宣布發現與他相同的數學方法而絲毫沒有提及他時，一點也不奇怪牛頓會感到惱火。牛頓幾年前，1676 年，曾寄過一封信給萊布尼茲，解說他的方法，只不過信是代碼形式。這在當時很普遍，雖然並不容易解碼。伽利略曾寄了一封代碼信給克卜勒，說他看到有兩個月亮繞著木星轉，克卜勒卻以為他說的是火星有兩個月亮。

　　牛頓的信是刻意弄得難以破解。他寄這封信的目的不是要向萊布尼茲解釋他的方法如何運作，而是想在以後能說，那個德國科學家剽竊了「他」的理論。這是牛頓所聲稱的，或者更確切的說他讓他的學生們如此宣稱。當他看到萊布尼茲散發他的數學理論時，就命令他的追隨者讓德國人看起來像是笑柄。

隨後而來的是科學史上最不愉快的爭議。即使他們同時代的人，已經習慣了這樣的爭吵，依然震驚。多年以來，牛頓及萊布尼茲的追隨者到處派發小冊子來嘲弄對方。萊布尼茲寫了一本書捍衛他自己，同時尋求當時最有聲望的皇家學會的協助。學會開啟了一項獨立調查，來決定這兩位科學家中哪一位是提出此項理論的第一人。

遺憾的是，此項調查一點也不獨立。那時候，牛頓就是皇家學會的主席，雖然他堅稱為調查而成立的官方委員會將獨立運作，但實際上該委員會什麼都沒做。牛頓自己祕密地寫下報告，結論自然是他發明了這個新方法，而萊布尼茲是個卑鄙的賊，拒絕承認自己的挫敗。過了 133 年之後，牛頓為了維護自己，究竟做了些什麼才為人所知。

這份報告當然沒有解決任何問題。萊布尼茲持續對皇家學會的報告以「匿名」的方式回應，好捍衛自己的名聲。侮辱不斷地來來回回，直到 1716 年牛頓去逝後好長一段時間。究竟誰對？我們現在知道牛頓的確先提出了這個理論，1665 年發現了積分和微分。那時候，萊布尼茲還是個二十來歲的年輕人，對數學一無所知。然而，他並沒有竊取牛頓的想法，他只是運氣不好，在幾年之後提出了相同的理論。

愈來愈小的區間

顯而易見，這個新的數學理論極端重要，這就是為什麼會有這麼激烈的爭鬥。然而牛頓和萊布尼茲究竟提出了什麼想法？這是一個計算東西變化的速率和程度的方法。在這之前，人們只能夠對保持不變的東西進行計數或測量。牛頓和萊布尼茲利用無限及「新的」數對此做出徹底的改變。

計算變化的速率可以用在各式各樣的情況中。汽車的巡航控制需要不停的計算要加速或減速多少，自動駕駛的汽車需要計算方向盤的調整量，而你那台豪華咖啡機需要計算加熱元件必須達到的溫度，以使水溫適合濃縮咖啡。甚至還可用在醫院，來查看腫瘤的生長速度。

我們用同樣的技巧來處理所有這些事，這些都是關於量測變化，是哪一種變化並不重要，牽涉到的數學是一樣的；這就是為什麼可以就用一個簡單的例子來說明。想像你是警察，要抓超速的人，這意味著得計算他們開車的速度或變換車道的快慢。首先，你需要用到少許數學及現代科技。

最簡單的方法，是讓你的同事站在前方一段距離之外，比方說一公里。你們兩個人都看到有輛車經過，然後比較通過的時間。目的在算出車子經過你那點時的速度，也就是在一公里起始處的速度，而非一公里的平均速度。然而要知道起始點的速度，你需要知道走完這一公里需要多久。如果是半分鐘，我們可以假定通過你那點時的速度為每小時 120 公里。

或許不能這麼說？可能駕駛最初的速度是每小時 140 公里，因為速限是每小時 120 公里，看到你之後，踩了下煞車，之後就開得比較慢，以時速 100 公里的速度通過。如此，你和你的同事得到的平均速度就會是每小時 120 公里，即使最初的速度要快得多了。

要防止駕駛這麼做，你可以縮短距離。以時速 120 公里通過半公里，需要 15 秒，因此如果開得太快，就只有很短的時間調整速度。距離愈短，測出的起始點速度就愈精確。事實上，到了某個階段，就沒有什麼差異了，因為車子無法在千分之一秒的時間改變什麼速度。

這就是為什麼顯示你目前車速的告示牌有效，他們在大約 1 公尺的短距離做類似的計算。

想像一下，如果這樣還不夠，你就是想知道你看到那輛車的那一瞬間，車速是多少。那麼就算只用幾公尺來計算的平均速度，誤差仍然太大。要讓你的測量更加準確，你得讓距離更短，於是無限的概念就出現了——如果你讓測量的距離無窮的小，你的計算結果就能無限的準確，就能夠知道準確的速度了。

牛頓和萊布尼茲是最早提出這種想法的人。他們考慮一點在圖形中沿線向上或向下移動的速率，曲線愈是陡峭，點的上下移動就愈快。

觀察下頁圖中的曲線，暫時不要理會那兩條直線。你想要知道當底下那一點往右移動時，它往上的移動有多快，因此你測量那點在曲線底部時的高度，然後測量當它往右稍作移動後的高度。將這兩點以直線相連，比較兩者高度間的差異，這就告訴你那個點由圖形底部到右邊那點移動得有多快。問題是測量並不準確。那個點一開始時上升的一點也不多，然後隨著右移而加快速度，就像我們例子中的汽車加速一樣。

牛頓和萊布尼茲解決這個問題的方法是將第二點逐步左移以減少兩點間的差異。這個例子中，兩點愈是靠近，直線就愈不陡峭，誤差就沒那麼嚴重。他們的想法是讓兩點的距離無窮的小，那條直線就會像圖中下面那條直線，陡峭的程度就和曲線在那點陡峭的程度剛好一樣。然而，這樣一來計算就得牽涉到無窮小了。

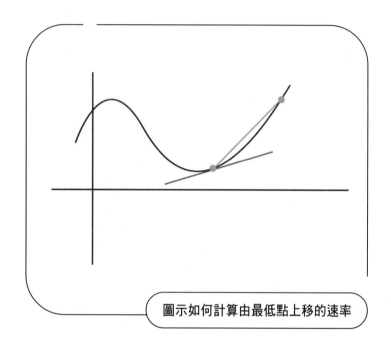

圖示如何計算由最低點上移的速率

對牛頓和萊布尼茲而言，這也是個棘手的問題。事實上，經過了幾百年才有人想出方法，把它寫成明確易懂的形式。畢竟，無窮小不就和 0 一樣？你怎麼能夠測量 0 秒間的速度？這段時間，車子不是沒有動嗎？這個說法對直線而言也一樣。當然，你能畫出起初那兩點之間的直線，可是當這兩點之間的距離無窮小呢？你畫不出那兩點之間的直線，對吧！

這樣的事情難以想像。這就是為什麼數學家花了那麼長的時間才弄懂他們究竟在幹什麼。他們還是這樣在做計算，因為有效，但沒有人明白為什麼。這都由於無窮小與 0 之間的差異難以想像，就像 0.9999… 與 1 之間的差異。

終於，有些數學家提出了完全擺脫「無限」的想法。這太困難了，實際上你所講的是某樣可以盡可能小的東西。如果你能確定你永遠都能找到更小的一點的距離，那就對了。畢竟，如果發現造成了誤差，你還能夠做更精確的測量。如果這些還是太理論，不用擔心，細節並不那麼重要。你只要了解你測量的單位愈小，你能測出的車速愈準確。

為什麼古希臘人做不到這些？有兩個原因：第一，他們沒有夠多的數字。他們可能碰上像 π 這樣的數，而他們拒絕使用。於是整個計算無法進行，因為你需要測量所有可能的速度。其次，他們認為無限的概念很瘋狂。要如何測量無窮小的距離？沒人辦得到。他們對無限的概念有問題，或許我們依然如此。畢竟，就算是現在，對於為何微分（上述方式的計算）能夠有效運行，仍然覺得難以理解。

累計區間

　　麻煩的是積分也沒有比較容易理解。微分是關於速度，關於事物變化的速率。積分則是關於數量，關於事物變化的總量。這意味著計算盡可能的累積變化。如果你想知道腫瘤生長了一段時間後有多大，你就需要積分。不管什麼東西，當我們想知道它的變化量時，就用積分。這可能是你所用的電量、川普連任的機會、支撐大梁可以彎曲的程度，或是車輛事故後的損害等。我們到處碰到積分，卻沒有意識到，這還包括汽車製造商確保你在碰撞後得以存活的方式。

　　這究竟是怎麼辦到的呢？再一次，我們利用小區間，只是這次我們累積大量的小區間，把他們全都加起來。設想你是一位數學家，在一間汽車工廠的工作是讓汽車盡可能的安全。你可以嘗試各式各樣方法來達到這個目的，例如藉由撞毀車子，查看發生了什麼事。然而，你也可以利用數學，更經濟地完成這件事。

　　汽車衝撞時，面臨最大危險的是車上人員的頭部；它愈是被前後不斷晃動，就愈危險。因此速度至關重要，你可以用微分來計算它。撞擊的每一個時刻，你可以查看頭部晃動的速度。它先是衝向前，但願能撞到彈開的安全氣囊，制止了向前的動力，然後往後彈回到頭托，接著又再往前。

作為工廠的數學家，你先算出在一連串時刻中頭部移動的速度，然而你只知道速度，仍然不知道撞擊的危險程度。這就是為什麼你需要積分。頭部以高速度移動當然危險，可是長時間的前後晃動更加危險。想想吧，打轉一圈沒什麼大不了，可是如果連著轉二十圈，就頭昏眼花了。

這就是為什麼最好把整個撞擊過程中頭部移動的速度全都加起來。如果你懶得做，可以只選一個速度，例如最快的那個，然後乘上撞擊的整段時間。然而，這個簡單的加總顯示的頭部移動比實際上要多得多，因而使這部汽車顯得比實際上更不安全。

這個問題和我們前面談到的速度測量完全一樣，解答方法也一樣：如果你查看一系列更小的區間，計算結果就更準確。你要做的就是把這些無窮小的區間加起來，得到頭部前後晃動的大小，因而得知撞擊的危險程度。汽車製造商就可利用計算結果來預測他們的汽車有多安全。當然，他們還是會做撞擊試驗，但是數學計算讓事情變得更簡單，也更可預測。他們不需要撞毀像以前那麼多的車子，來決定汽車的安全程度，他們能更快的得到安全評價。例如，研究人員可以知道什麼程度會造成乘客腦震盪。積分以這種方式保護你的安全。

積分是否也與面積和體積有關？你或許從高中時學過的內容想起這點，因為積分與阿基米德關於球、圓錐體及圓柱體定理的公式有關。這些公式用的是同樣的技巧，儘管變化並不十分明顯；你得想像一下。下方的圖顯示如何用一系列的區間加總來計算面積。區間愈小，愈能接近曲線下面的空間。

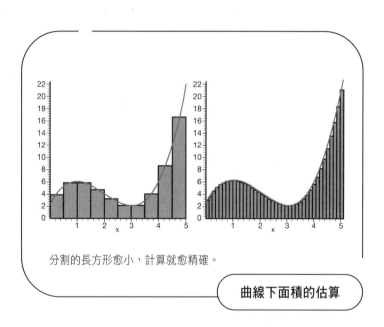

分割的長方形愈小，計算就愈精確。

曲線下面積的估算

然而，要看到這些圖中的變化相當困難。把它們想像成在平面上可能比較容易。你想要知道曲線下的面積，如果那個區域是個長方形就容易些，只要把長乘以寬就行了。如果你把曲線下的區域分割成小的長方形，就能夠利用這個簡單的解答，求出每一個小長方形的面積，然後把它們加總。分割的長方形愈小，計算的結果就愈精確。

　　你也可以用相同的方法來計算體積，但會稍微困難一點，因為你需要同時考慮垂直及水平方向，但是原則是一樣的。有時候你只需要利用我在本章開始時提到的標準公式。然而，問題可能更為具體：你也可以看出計算撞擊危險性的方法使用的就是計算面積的方法，曲線下面的小長方形相當於頭部的前後晃動。曲線代表頭部移動的速度，曲線愈高的地方，表示移動得愈快；所有小長方形的面積總和顯示頭部前後晃動的總量。想法是一樣的，只是描述的方式不同罷了。

沒有比天氣更多變的

　　終於，天氣預報明天是好天氣。可是，什麼時候你能夠相信預報準確？天氣預報經常會出錯，我們只能有所保留；至少以前是這樣的，直到大型計算機出現，氣象學家得以用微積分來預測天氣。

之後，例如和 1970 年的相比，氣象預報就出乎意料的準確。

那個時候之前，氣象預報採取三個簡單的步驟。望出窗外，研究一下雲層、溫度等等，然後搜尋紀錄中天氣相似的日子；第三步，你用搜尋到那一天次一日的天氣，來預測明天的天氣。換句話說，你假設隨後幾天的天氣會和從前日子的天氣一樣。如果你只看雲層和溫度，幾乎不可能準確。以前的天氣預測經常失準，因為天氣要複雜得多。

當然，我們也能「計算」天氣。由空氣氣流而造成的天氣變化正是微積分一個極佳的應用。例如，第一次世界大戰期間，英國數學家路易斯・李察森（Lewis Richardson）嘗試用數學來預報天氣。他謹慎地以預測未來六小時的天氣開始。他望出窗外，很快的計算一下，然後知道未來六小時的天氣如何。關於那個「很快的計算一下」，李察森誤判了，這可花了他六個禮拜！

因此用計算來預測天氣十分困難，不僅花的時間長得離譜，而且一樣錯誤連連；這是因為對天氣而言，變化的因素太多了。空氣不斷流動，溫度、溼度等不停地改變。你必須知道高壓帶和低壓帶區域在哪裡，又是如何移動，而且還得是大氣中很大的區域。就算只是一點點的改變，也會造成巨大的差異。

由於所有這些變化，我們至今仍然無法準確預測天氣，就算是一部巨大的超級電腦，計算速度也不夠快到能做這些預測。因此我們放棄知道每樣東西的精確值，接受折衷的結果：超級電腦假設一塊十公里平方地區的天氣都一樣，因為太小的區域分割，造成的計算量太大。雖然天氣預測在我們採取這種折衷方式後已經準確多了，卻仍然不是完全可信的。

如果天氣預測說明天會是個好天氣，我們要相信嗎？是的，應該相信。雖然氣象學家無法準確的預測天氣，卻還是不錯的。電腦計算天氣在區塊間的改變，利用微分來看空氣移動的速度，再用積分來看某段時間內天氣變化的總量。因此我們的天氣預測改善了不少，這得感謝數學。現在預測次一日天氣的準確度好得很，幾乎沒什麼失誤，就算是下一個星期的預測也有百分之 80 的準確度，所以那些微分和積分終究還是有用的。

微積分在建築物、政策規劃及物理的應用

天氣不是唯一不斷變化的東西。你或許沒有注意到，建築物也不停地受到很多事物的影響，像風、人群在室內來來往往等。重

力拖拉它們，想把它們拖倒到地，然而它們屹立不搖，因為我們已經相當了解如何建造堅固的結構。而當我們開始使用數學時，這件事也有所改善。

　　長期以來，建築物是根據經驗來設計的。人們無需太多的試驗，就能依他們所知道的來建造。當他們真的嘗試新事物時，會非常謹慎，先是等待，觀望是否可行。直到 1900 年左右建築成為一種藝術，然後才成了一門科學。舊金山的金門大橋，在 1930 年建造之

舊金山的金門大橋

時，以 3 公里的長度成為當時世界最長的橋梁，由 129,000 公里長的纜索所支撐。它的每樣東西都是前所未有的大。如何建造這麼一樣東西？又如何知道這麼大的橋梁不致倒塌，且風不會吹倒它？或者是橋的中央不會太重？這一切都在事前經過計算。

用於計算橋梁是否會倒塌的物理學是積分和微分。他們主要是用於計算鋼梁可以彎曲的程度。由 130 頁的圖片你可以看到，金門大橋大部分都是由鋼梁構成，因此要承擔相當大的重量。重量會造

鋼梁的擺放位置與彎曲程度

成鋼梁的彎曲，而它們能夠彎曲的程度是可以計算的。用微分來決定它們形狀上的變化，而積分則用來計算彎曲的總量。計算過程中考慮了很多因素，包括鋼梁擺放的位置。這在 131 頁的圖中可以看到：平放鋼梁的彎曲程度要比側放的為大。

北京中央電視台總部大樓

數學取代了建築中的猜測工作。建築人員有使用鋼梁的經驗，但是沒有人建造過像金門大橋那樣巨大的橋梁，或者建造過全用鋼材的大橋。你儘管可以開始建造，希望在規模變大時，所有事物依然不變；不過，這樣一來可能十分昂貴。想想，如果到最後環節出了問題，納稅人不會願意承擔因一連串失敗的實驗而造成橋梁不斷倒塌的費用。可幸的是在事前經過所有的計算後，這種事不會發生。數學讓我們得以建造愈來愈大、愈來愈複雜的建築物，因為我們在事前就能算出一座建物能否屹立不搖，我們現在能建造出前所未見的建築物，例如北京的中央電視台總部大樓。

變化也可以在很多其他領域中見到。想想經濟方面的資金流向、職位的數量、待僱的職位、待聘的人數一直在改變。有時候政府制定政策造成變化，而這些變化的效果須於事前估算。不同的稅率影響如何，或者更廣泛的，英國脫歐、中美貿易戰等會有什麼影響？政府有經濟研究機構來分析政策，並且估算可能的效果。為了進行這些估算，研究機構使用大型的數學模型，他們有一系列的公式可以準確地告訴他們，如果政策實施，會對經濟造成什麼影響。這些公式中有什麼？正是積分和微分。

稅務上的變化影響到政府由個人與企業所徵得的稅收，因而影響到可供支出的開銷；而這個又反過來影響到經濟。政府提出改變，希望能改善各個層面，研究機構幫它預測會有什麼影響。如果使用數學，就能更精確些，而且錯過某些事物的機會也少一些。你或許會忘記什麼東西，公式不會。

我們一般聽不到太多關於研究機構估算的結果，除了在選舉前夕。然而積分和微分卻在我們四周，也很貼近我們的生活。在你的汽車、咖啡機，還有中央暖氣的恆溫器，以及度假時所乘坐飛機上的自動駕駛。所有這些機器都依賴廣為高中生抱怨連連的那種數學。

這些機器的共同之處在於它們都需要調節變化。你的恆溫器以計算來維持房子的適宜溫度，如果早上房內的溫度是攝氏 16 度，而你希望達到攝氏 18 度，恆溫器就會算出需要加熱的溫度和持續的時間。它用微分來追蹤實際溫度與設定溫度差異消失的速度，換句話說，房子多快可以暖和起來。為了防止房內變得太熱而需要再度降溫，恆溫器計算微分與積分。

汽車裡的巡航控制以及飛機上的自動駕駛都進行了類似的計算。在汽車裡，你的腳得踩在加速器上，否則車速就會慢下來。巡航控制用微分與積分來計算需要加速多少以保持固定的速度。自動駕駛所做的是同樣的工作，這也是令人印象深刻的 SpaceX 火箭著陸背後的想法。到處都有需要計算的變化，如果沒有微分與積分這些計算幾乎不可能辦得到。

積分和微分在物理學上也是不可或缺的。自然世界中事物不停的變化，要研究它們就需要有理解變化的方法，微積分就是做這件事的。牛頓把它用在萬有引力的理論中，那時候這門學問還很新，他用來計算的東西並不多，不過就如我們在上一章中看到的，他的表達方式出人意料的簡單而且精確。事實上，它是如此的簡單精確，以至於 20 世紀著名的物理學家費曼（Richard Feyman）曾說，牛頓不可能以其他更好的方式表達他的理論。

每個人都需要微積分？

積分和微分用得很多。但是他們要比上一章討論的算術或幾何難以理解。而你自己在日常生活中是否需要用得著？這幾乎是每個高中生要問的問題。答案得看你做什麼，就像我在本章中所說的，它們會突然出現在各式各樣的地方。如果你設計建築，你有很大的機會用到它們。如果你是自然科學家，總會在某個時候以積分和微分為工具。如果你設計汽車或者進行撞擊試驗，同樣用得上。然而，還是有很多職業是絕無機會用到的。

因此你發現自己日常生活中不得不用積分和微分的機會很小。我們都能處理生活中的變化，而不需使用微積分。在這種意義下，除非你選擇的職業不得不用數學，你並不需要懂得積分和微分。即使你真的需要用數學，大概也不需要自己做什麼計算，把計算交給計算機愈來愈容易。

那麼，還有什麼其他原因非得懂些微積分？設想你想了解數字，僅只因為政府使用數字來計算你要繳的稅。如果要繳的稅出了點錯，你會希望知道錯在哪裡。不過，你不需要知道微積分來檢查你要繳的稅。政府應用微積分來做出影響到你的決策，而如果你希望真正了解這些決策，例如有關政府計畫的數學分析，你的確會需要那些數學知識。不過，一般而言，和計算稅務中用到的數學不同，這些計算的結果並不會直接影響到你。

然而這不表示你可以大聲抱怨中學所教的數學。積分和微分背後的想法或許難以了解，但並不如聽起來那麼瘋狂。那些數學符號很容易使你偏離背後的想法——也就是藉由分割為儘量小的部分來探討變化。如果你想知道周圍的事物如何運作，至少了解一點這個想法還是至關重要的。

積分和微分改變了這個世界，它們造就了計算機、智慧手機、飛機還有很多其他的機器，對於幫助我們更好了解這個世界不可或缺。多虧有了這樣的了解，我們才得以有現代科技，否則，我們還得仰賴實踐經驗來繼續發展。這樣一來，就很難建築巨大而變化多端的建築物，還有現代科技也不可能出現。簡而言之，沒有積分和微分，我們將生活在一個很不一樣的世界中。

因此微積分當然並非無用，我們遇到它們的地方比我們以為的要多，只是我們沒有注意到，而且我們本身並不需要做什麼，因為我們已經發展到所有計算都已為我們準備妥當的程度。那麼是不是每個人都需要使用積分？並不，不過我相信我們都應該瞭解其背後的想法，就像我們學習歷史一樣。積分與微分提供了我們周圍世界的必要背景，儘管很遺憾的，這個背景常常以嚇人的方式呈現。沒有必要擔心：微積分背後的想法以及這個想法的價值，很容易理解。

Getting a grip on uncertainty

把握不確定性

2016 年秋天。全世界的目光都聚焦美國，關注其總統大選，一如既往，我們期待著結果。我們希望預先知道誰有更大的機會當選，希拉蕊·柯林頓還是唐納·川普。

從那之後，選前預測就臭名昭彰了。民調專家聲稱柯林頓有百分之 70 到 99 的機會贏得大選，「百分之 99 呢！」我們都知道後來怎麼了，令大家跌破眼鏡的是川普贏了。民調差之千里，至少看起來是如此。無論如何，宣稱柯林頓確定會贏的專家錯了。怎麼會有那麼多人錯得這麼離譜？這是個大問題，因為這樣的錯誤經常發生。看看英國的脫歐公投，預測說大多數人贊成留在歐盟，雖然不如美國的總統大選那麼確定，但贊成的人還是有領先優勢。然而，民意調查和預測都錯了，反對留在歐盟的稍占多數。

那麼民意調查對我們有什麼用？如果統計數字那麼輕易就帶給我們錯誤的印象，還能相信它們嗎？沒錯，還是可以的，不過不是盲目的。因為它們常常出錯，我們最好知道其中的原理；畢竟，民意調查也是經由某類的計算，而且我們從事民意調查的時間也不長。古雅典也對重要決定進行公投，但並沒有民意調查，那時候它們並沒有用以預測結果的數學；牛頓和萊布尼茲的時代也沒有，雖然那時候已經開始萌芽了。一直要到 17 世紀中葉，民意調查才真正開始發展。

數學遊戲

1654 年數學家布萊茲・帕斯卡（Blaise Pascal）和皮埃爾・費瑪（Pierre de Fermat）之間進行了一項具有挑戰性的討論。法國貴族德莫勒騎士（Chavalier de Méré）挑戰帕斯卡來解決一個問題。德莫勒很喜歡賭博，但有時候還沒分出勝負賭局就被打斷。例如，國王突然到訪，德莫勒就不能繼續賭局。因此他想知道，如果賭局被打斷，賭金要如何分配。他詢問帕斯卡，帕斯卡也不知道，就開始與費瑪通信。他們嘗試找出如何計算贏得比賽或賭局的機會，我們現在所知道的統計學就此誕生了。

設想你正進行一項遊戲比賽，需要贏得三局才獲勝，但在你以二比一領先時，遊戲中斷了；你的對手應該要付你多少賭金呢？全部賭金的三分之二似乎很合邏輯，因為你需要贏的三局中，你已經贏了兩局。不過，實際上你應該獲得更多，因為這關乎你贏得所有賭金的機率。帕斯卡和費瑪算出這個機率是四分之三，因此你應該獲得這個比例的賭金。他們怎麼得到這個結果，請參考下列的圖示。

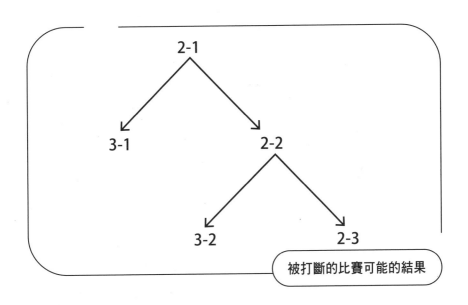

被打斷的比賽可能的結果

下一局的比賽，如果你再贏了，比數成為 3：1，你就贏了遊戲。

如果你的對手贏了，比數是 2：2，你們必須再賽一場，其中一人就可取得 3：2 的優勢，這表示這三種情況中，有兩種情況是你贏。然而，這就給計算帶來個問題——兩種情況玩的局數不一樣。如果在 3：1 的狀況下，再玩一局，結果會是 4：1 或 3：2，就可看出你在這四種狀況下，贏了三次。這就是為什麼帕斯卡和費瑪得到四分之三的結果。

這個結果能有什麼用處？聽起來不像是個需要解決的重要問題。這種情況或許會不時的出現，然而，他們稍後很容易就能繼續未完成的遊戲。對於數學中應用廣泛的一個分支而言，這個開端令人驚訝的無用。出人意料的是各方面的數學家馬上開始針對更為複雜的遊戲或其他別的狀況，進行類似的計算。

或許它終究並非那麼無用：在費瑪和帕斯卡的年代，人們對貿易的投機愈來愈多。例如，投資者賭一條船會滿載貨物安全返航，卻因為需要資金做其他的事而半途改變主意。或許數學家能設計出一種費瑪—帕斯卡方法的簡化版本，讓你能在「遊戲」結束前取回你所需要的資金。

不管是什麼原因，研究類似這樣的遊戲並不能立刻導致任何實際用途。你需要事先知道你贏得一局的機率。在我給的例子中,假設了每位玩家在每一局中都有相同的獲勝機會。可是,大部分的遊戲並非如此。你可能比你的對手強,讓你有更大的機會獲勝。實際上你想計算的是如果你在事前準確知道所有的資訊,將會怎樣。

以美國大選為例,你必須知道每一個選民投給川普或柯林頓的機率,才能利用費瑪—帕斯卡的方式來做計算。但這麼一來就悖離了原本的目的,你不可能讀取每一個美國人的心思。而且,如果你能的話,就不需要做什麼預測,你早就知道答案了。某種意義下,你已經掌握選舉了。

計算某件事發生的機率,只有在你不知道結果時才真正有用。於是你由已經知道的事情開始,例如選民在選舉民調中的答案。而民調只選取一小部分人參加,你也不知道他們是否誠實作答,只能就你所掌握的資料湊合著用。或許你應該由更簡單的東西開始,例如石頭的顏色。雅各布·伯努利(Jacob Bernoulli)在他 1713 年所著的《推測法》(Ars Conjectandi)中就是以這種方式開始,這本書的出版距帕斯卡和費瑪有 50 多年。經過那麼久的時間,才有人意識到最好還是研究更為實際有用的東西。

伯努利是第一個嘗試在並不知道所有可能結果的情況下,計算某件事情發生機率的人。設想你有一個大瓦罐,裡面裝有 5000

顆黑色及白色的石子。你想知道其中有多少顆是黑色的，多少顆是白色的。於是你取出幾顆，其中 2 顆是黑的，3 顆是白的。這可能表示其中有 2000 顆是黑色的，3000 顆是白色的；也有可能你取出的白色石子剛好是其中僅有的 3 顆，這樣的可能性雖然很低，卻仍然存在。

於是你繼續由瓦罐取出石子，而每次都是 2 顆黑色的，3 顆白色的。邏輯上看來，你愈來愈肯定瓦罐裡有 3000 顆白色石子，就像我們確定太陽每天會升起，因為這種狀況我們過去看到過太多次了。然而，你需要取出多少顆石子才能合理的推論白石子與黑石子的數量比是 3 比 2 ？這就是伯努利想要計算的。根據伯努利的說法，只有在 1000 次中有 999 次正確，你才能「相當確信」的知道。然而他遇到問題了：即便只是要在 50 次中有 49 次正確，就需要取出 25,500 顆石子。

伯努利的書到此結束。進行 25,500 次實驗，卻還與相當確定差之甚遠，對他而言太過分了。他甚至不是自己出版這本書的，他的堂兄弟約翰（Johanne Bernoulli）在他死後 8 年決定將之出版。之所以花了這麼長的時間是因為雅各布的妻子並不相信他的弟弟約翰

（Johann Bernoulli），他們兩人曾在期刊上有過公開爭論。

伯努利起了個不錯的頭，但他碰到的問題太多了。首先，你需要猜測正確的比例應該是多少。換句話說，你需要事先決定你想知道的是瓦罐裡有 3000 顆白石子的機率。如果你想知道的是瓦罐裡有 2999 顆白石子的機率，計算就會不一樣。其次是需要做多少次的實驗，他的標準太嚴苛了。今天科學家只要求 20 次裡面有 19 次正確就行了。

研究機會的數學由遊戲開始，慢慢地變得更為實用。伯努利已經開始嘗試計算一些比較有用的東西，而且他已經接近一個答案了——你不需要知道所有美國選民的心思來做預測。然而你還是需要先假設，比如柯林頓會得到百分之 52 的選票，這其實不會讓事情更為實用。畢竟，我們並不知道整個國家會如何投票。你不希望賭一下，幸虧你也不需要，這得感謝亞伯拉罕·棣美弗（Abraham de Moivre）。棣美弗通過我們都熟知的機率實驗——投擲硬幣，想出了下一步。

投擲硬幣

棣美弗在法國長大，但是 1680 年代末，他逃往英國，因為他是新教徒，在法國坐了 1 年牢。在英國，他以數學教師為職業，不過不是在學校裡教書，而是擔任貴族孩童的家教。空閒時間他進行研究，而且出人意料的擅長這項工作。事實上，他的工作出色到牛頓都派人向他請教數學。

棣美弗也致力於研究黑白石子的問題，不過，把它想成投擲一個硬幣要容易點，這是件有兩個可能結果的事，「正面」或「背面」。他得到的結論是，如果你投擲的次數夠多，你會得到所謂的「二項分布」。下面圖示為投擲一枚硬幣 10 次的二項分布。最右邊的那個區塊代表 10 次都投出正面的頻率，而最左邊的區塊則

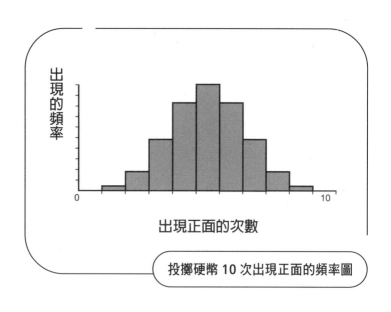

投擲硬幣 10 次出現正面的頻率圖

為沒有擲出一次正面的頻率。中間那個最高的區塊代表擲出 5 個正面的頻率。這個區塊最高，因為它是最常出現的結果。換句話說，這要比擲出 10 個正面（或一個正面都沒有）來得「正常」。像這樣的圖到處都會出現，人的身高就是一個很好的例子。2017 年，英國男性的平均高度大約為 177 公分（5 呎 8 吋），這表示比這個高度更高或更矮的人數較少。如果你身高 150 公分（5 呎），你會落在圖的左邊，如果你是 200 公分（6 呎 6 吋），你會落在圖的右邊。

投擲硬幣 10 次結果的圖形顯得很粗糙。投擲的次數愈多，圖形變得愈光滑。看看下方的圖，顯示的是投擲硬幣 50 次的結果，

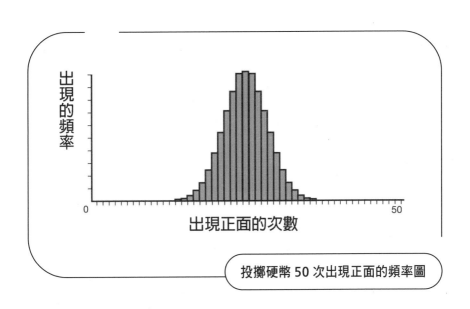

投擲硬幣 50 次出現正面的頻率圖

圖形看起來比較平緩。

如果一直增加投擲次數，你終究會得到一個完全平滑的圖，你馬上可以看出這條曲線與機率的關係。你可以用牛頓和萊布尼茲發明的方法去計算曲線下的面積，計算結果顯示曲線的最高處是「正常」的，因為幾乎百分之 40 的結果出現在兩個最高的區塊。

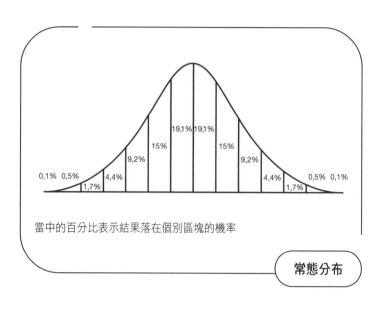

當中的百分比表示結果落在個別區塊的機率

常態分布

曲線下的面積代表機率：因為差不多有百分之 40

的男性大約 177 公分高，那麼任意男性身高為 177 公分的機率就是百分之 40。投擲一枚硬幣也是同樣道理：如果你投擲 100 次，那麼有一半時候投出正面的機率要比投出 100 次正面的機率為高。這樣的機率不是 0，但是很小，這就是為什麼在圖形中它的高度很低。

兩個湯瑪斯

棣美弗提出二項分布圖以及用積分來計算機率。但是實際上你能用那個圖形來做什麼？對於身高或智商沒有問題，但是對於更重要的事物，例如民意調查，就不那麼容易套用，因為投票沒有什麼「正常」或「不正常」。在科學方面也不太行得通，例如，你怎麼用分布圖來確定你發現了希格斯粒子（Higgs particle），這可是過去 10 年最重要的發現之一？有那種可能嗎？

沒錯，還是可以的。這得感謝另外一位數學家湯瑪斯・辛普森（Thomas Simpson），他和棣美弗是同時代的人。辛普森詳細闡述棣美弗的工作，並且出版了一本書，向更廣大的公眾說明這項工作。棣美弗不太高興，他在自己那本書的二版序言中寫道：「某人，我不需要說出他的名字，出於對大眾的熱愛，他那本關於同一題材書將印行第二版，他以相當低廉的價格提供，而不管是否支解了我的定理……。」辛普森以牙還牙回應，幸虧棣美弗的朋友在事情無法控制之前介入了。

辛普森的確提出了新的想法，他把硬幣正面機率的計算重點由正面出現的計算轉變為正面不出現的計算。換句話說，他觀察一個科學實驗結果發生錯誤的機率。大部分的時候，科學實驗的儀器運作完美，除了些許測量上的誤差，你的結果會出現在分布圖中央最高的部分。然而有時候，你偏離常規，在測量上出了嚴重錯誤。這樣的情形不常發生，因為得碰上一連串的壞運氣。由於嚴重錯誤的機率很小，你的結果會落在分布圖的極左或極右邊的低點。

如果其他一切運作如常，得力於數學，我們能夠計算出符合我們期待結果的機率，例如希格斯粒子的存在。畢竟，我們不知道哪一項測量有誤，因而不知道是否找到了希格斯粒子。我們也不知道顯示我們找到了那種粒子的測量是否正確；或許它們就是測量錯誤發生的那些次。於是，我們假設我們的結論是錯誤的，然後由分布圖觀察在這種假設下，測量結果有多怪異。換句話說，我們計算在希格斯粒子不存在的假設下，所看到測量結果的機率，如果我們得做出很多測量錯誤來達到我們假設的結果，而它們落在分布圖的底部，這就是件好事。這表示希格斯粒子不太可能不存在，因此有很大的機會它們存在。然而，如果我們幾乎不用有什麼測量錯誤來解釋我們的測量結果，而它們在分布圖的頂部，這表示希格斯粒子或許並不存在，而要令科學家大為失望了。對於位於日內瓦的歐洲粒子物理實驗室（CERN，European Laboratory for Partical Physics）的科學家們，很幸運的這件事並未發生。他們得到希格斯粒不存在的機會太過碰巧，純粹經由於測量誤差得到這個結論的機率微不足道——三百五十萬分之一。

辛普森當然不是自己一個人思考出所有這些想法。我們現在回頭看看伯努利遇到的那兩個問題：需要進行的試驗次數太多以及你只能計算出你的猜想成立的機率。辛普森解決了第一個問題，因為他證明經由更精確的計算，所需的試驗次數可以少很多，也能得到和伯努利一樣高的確定程度。稍後在 18 世紀，另外一個湯瑪斯，湯瑪斯·貝斯藉由進一步發展辛普森的想法，解決了第二個問題。多虧了貝斯，我們現在能夠算出：如果沒有希格斯粒子，則得到上述結果將是多麼奇怪。

某些機率要比其他的機率容易計算。設想你收到一封電子郵件，而電郵提供商要判斷這是份垃圾郵件的機率。有一種方法是檢視某些特定字眼，像是奈及利亞、王子等出現的頻率，只是檢查這些並不困難，然而包含這些字眼的電郵並非一定是垃圾郵件。

因此你需要知道包含這些字眼的電郵中，實際上真的是垃圾郵件的機率，而這件事在沒有上下文的情況下很難弄清楚，所幸貝斯推出一個公式讓我們正好能夠解決那個問題。

含有特定字眼的郵件是垃圾郵件的機率 $=$ $\dfrac{\text{電郵是垃圾郵件的機率} \times \text{特定字眼出現在垃圾郵件中的機率}}{\text{特定字眼出現在電郵中的機率}}$

　　要利用這個公式，你的電郵提供商需要知道三個機率。你的提供商首先需要知道你收到垃圾郵件的頻率，換句話說你收到的郵件中垃圾郵件的機率。好在這些要比計算含有特定字眼的郵件是垃圾郵件的機率來得容易。你的電郵提供商可以由你把什麼郵件丟在垃圾郵件桶中立刻得知。他只要把你垃圾郵桶中的郵件數除以全部收到的郵件數就可以了。第二個機率是郵件中含有「奈及利亞王子」的機率。郵件提供商把這些郵件加起來的總數除以你收到電郵的總數，就可算出。最後，是你收到的垃圾郵件中含有「奈及利亞王子」的機率。這個也容易計算，郵電提供商把你垃圾郵件桶中包含「奈及利亞王子」的郵件數除以垃圾郵件桶中的郵件總數。在推測含有「奈及利亞王子」的郵件是否為垃圾郵件的每一項計算都很容易，只要這個字眼主要出現在垃圾郵件中，而你又沒有真的和一位奈及利亞王子以電子郵件通信，你可以假設這些電郵都是垃圾郵件。

我們經常會使用貝斯的公式，因為他為伯努利的問題提供了一個好的解答。貝斯可以不用賭一把就計算機率。當然這個公式並不完美，因為你不知道的是等式右邊所用到的機率是否正確。它們通常比較容易檢驗，然而總會有某種程度的不確定性。貝斯公式和前面的機率計算不同之處在於它有某種實用性。

例如在醫院你做了某種癌症的篩檢試驗，你想知道檢驗結果是陽性到底意味著什麼。檢驗的可信度有多少？如果檢驗是陽性，實際上你得到癌症的機率是多少？利用貝氏公式，這個機率可以用另外三個機率來計算。首先，得到這種癌症的人數，比方說 1000 人中有 20 人，也就是百分之 2 的人。其次，你需要知道得到這種癌症而檢驗結果呈陽性的機率，也就是在得到這種癌症的病人中，檢驗為陽性的比例，假設是百分之 90，也就是 20 人中有 18 人。第三，你要知道檢驗陽性而並未得到這種癌症的機會。假設這個機率是百分之 8，也就是並未得到這種癌症的 980 人中有 78 人。於是你知道，檢驗呈陽性的機率的總數是每 1000 人中 18+78=96 人 (包括得到及未得到癌症的人)。貝氏公式中這三個機率如下：

$$\text{檢驗陽性而真正得到癌症的機率} = \frac{\text{得到這種癌症的機率} \times \text{得了癌症而檢驗為陽性的機率}}{\text{檢驗為陽性的機率}}$$

如果把這些數據代入公式中，你得到以下結果：0.02 （百分之 2）×0.9（百分之 90）/0.096 （百分之 9.6，也就是 1000 人中 96 人） = 0.1875，也就是百分之 18.75。這表示在檢驗結果為陽性時，你實際上得到癌症的機率只有百分之 18.75。比起這種癌症的病人中檢驗呈陽性的比例高達百分之 90，這個機率要低得多了。會出現這種情況是因為這個檢驗對很多沒有這種癌症的人呈現陽性結果：我們看到在 96 個陽性反應的人中，只有 18 人真正得到癌症。有這個數學公式真好，它讓我們發現此類檢驗實際上告訴了我們什麼訊息。

不過是遊戲？數學在實用中

統計學是我們迄今所討論機率理論的應用版本，在稍後從一個實際問題開始發展。天文學家托比亞斯‧梅耶（Tobias Mayer）於 1750 年給出了解答，這並不是什麼抽象的理論，而是直接來自真實世界的一支數學。

在梅耶的時代，歐洲的霸權國家遇到一個嚴重的問題。他們都占有海外殖民地，船艦來回穿梭於世界海洋，然而沒有人能夠算出他們船艦的準確位置，而失去船艦造成了極大的金錢損失。於是英國提供鉅額獎金，懸賞徵求能夠設計出計算經度和緯度方法的人。從 1730 年開始他們就會用六分儀來決定緯度，但經度的決定仍然是個棘手的問題，因此國家贊助尋找解答方案的研究。從 1714 年到 1814 年，政府給出了相當於今日 10 萬到 100 萬英鎊的獎金給那些提供如何在海上計算經度想法的人。1765 年，梅耶死後 3 年，他得到了 3000 英鎊的獎賞，相當於現在的 50 萬英鎊。他找到一個方法能夠預測月亮的位置，如果你能夠做到這點，就能算出當時倫敦的時間，於是就能根據你所在地的時區計算出經度。基礎線就是倫敦的格林威治，愈往東去，時間就愈早；紐約的時間要早 5 小時，阿姆斯特丹就要晚 1 小時。只要你能根據月亮的位置知道倫敦的時間，再根據當地日正當中時太陽的位置，知道當地的時間，就能算出你在倫敦東面或西面多遠的距離。

月亮的位置通常用到三個測量值來計算，但是梅耶用了不少於 27 個測量值。這在當時是出乎尋常多的值，雖然以今日的標準來看，非常之少。我們現在已經習慣於大量的數據，而在梅耶之前，人們根本不知道如何處理那麼多的訊息。他們只需要知道三件事就能算出月亮的位置，這表示做三個測量，不多也不少。

史上最有才華的數學家之一的李昂哈德・尤拉（Leonhard Euler, 1707-1783）也是這麼想。為了容易理解為什麼這個問題如此困難，設想不知道由哪一點開始，或有多陡峭的情況下，試圖要在圖上繪出一條直線。沒有這些數值，你無法繪出一條直線。如果有圖上的一點，你知道直線由多高的位置開始，但是不知道陡峭的程度。如 157 頁圖中左邊那個圖形所示。假設如中間圖示，你有兩個點，事情就容易了，畫這兩點的連線即可。然而，如果你有超過兩點呢？圖中右邊有三個點。如果像中間的圖那樣連接兩點，第三點就沒有用上。那是不是應該畫在這些點中間的某處？如果這樣的話，畫在哪裡？陡峭程度又如何？是不是由最低那點之

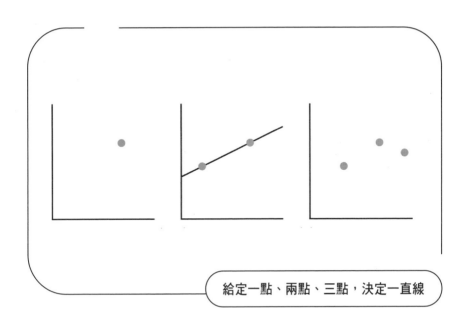

給定一點、兩點、三點，決定一直線

上的某點開始？如你所見，要在超過兩點之間畫出一條最佳直線並不容易。這也是為什麼尤拉對如何由多於三項測量值找出月亮位置這個問題，沒能提出一個解答。

梅耶用了一個很簡單的方法解決這個問題：他有三個未知量，於是他把 27 個測量值分為三組，9 個一組。然後取這 9 個測量值的平均，以這個平均值當成該組的實際測量值。因此他用了所有 27 個測量值得到三個計算值。這樣就奏效了，他能夠比他同時代的人更精確地決定月球的位置。

尤拉認為梅耶的解答沒有意義，更多的測量增加發生誤差的風險。如果持續的偏高兩度，誤差會隨著更多的測量而累積，這就是為什麼尤拉認為最好使用盡可能少的數據。我們現在知道他錯了，可是為什麼呢？我們回頭看看機率的圖。誤差可能發生在任何地方，左邊或右邊。尤拉認為你相加的測量值愈多，就會愈滑向邊上。可是因為誤差在曲線的兩邊都可能發生，他們會彼此抵消。如果把正的誤差加上負的誤差，最終會靠近中央，曲線最高的地方。因為測量的誤差是隨機的，故測量值愈多愈好。

更多數據！

大約公元 1800 年，梅耶的實用工作與機率的理論工作結合在一起了。這或許應該歸功於卡爾・弗里德里希・高斯（Carl Fredrich Gauss, 1777-1855）、皮耶－西蒙・拉普拉斯（Pierre-Simon Laplace, 1749-1827）及阿德里安－馬里・勒讓得（Adrien-Marie Legendre, 1752-1833）的努力，然而又一次發生了誰先有這個想法的爭議。高斯甚至讓他的朋友作證，在另外兩人還沒有隻字片語之前，已經聽他談論這個想法了。誰是那個第一人其實並不重要，不過顯然他們都認為自己得到了一個十分重要的發現。這一點不令人驚訝，甚至在 1827 年拉普拉斯去逝之前，就已有幾十本書闡述他們的工作。他們的數學方法馬上就應用在科學領域中，而且逐漸用在其他地方。巴斯卡和費馬之後 150 年，統計學這一數學分支有了大躍進。

原因是改進了梅耶的方法，而實際上不過是玩個技巧繞過問題。梅耶並沒有改變原來的計算，他只是取了三組數據的平均值。高斯和拉普拉斯以更有效的方式解決問題。他們設計了一種計算方法，顯示在有多過兩點時如何決定一條直線。下面圖示中，你看到有一系列的測量值，無法由一條直線將它們連起來。

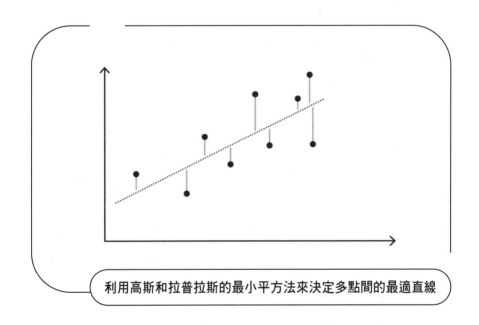

利用高斯和拉普拉斯的最小平方法來決定多點間的最適直線

高斯和拉普拉斯證明這些點之間的最適直線是使得測量誤差（不剛好落在直線上的測量值）最小的直線。誤差以點與虛線間的垂直線段顯示。因為有的正（點在虛線之上）、有的負（點在虛線之下），把它們都加起來可能得到 0。因此要計算誤差總值，我們把誤差平方以消除負號（例如，-2 的平方是 4），如此而已。就像辛普森那樣專注在誤差上，就能比梅耶更好的利用多個測量值。這也使得預測值更好：如果你像梅耶那樣用 9 倍多的測量值，你的預測值就會 3 倍的好。梅耶的成就在精準度上可能不是巨大的進步，不過足以讓他贏得 50 萬英鎊。

更有甚者，高斯和拉普拉斯的方法能讓我們知道一個估計值有多精確，因為我們知道測量上的誤差，一堆些許誤差的測量要比幾個誤差極大的測量來得好。這實在是件新鮮事。例如與古美索不達米亞所做的估計相比吧，他們估計某地區穀子的產量時，是每平方公尺一個固定數量；然而，實際上這並不精確，因為並非所有土地都一樣肥沃，雨量並非到處一樣，也不是每個農夫照顧田地都一樣勤奮。美索不達米亞人也知道這些事，但是他們無能為力，因為他們沒有足夠的數學來做出最佳估計,甚至不知道做出的估計有多好。我們也是要到高斯和拉普拉斯發現如何計算最佳估計之後,才能做得到。

約翰·斯諾所知道的

又再過了 100 年,統計才開始廣泛使用,例如用在研究疾病的起因。1850 年左右,霍亂是個嚴重的問題,主要是沒有人知道它是如何傳播的,因而造成了流行。當時有好幾個這方面的理論,很多人認為是呼吸不良空氣或氣味,更奇異的想法是說發脾氣會增加得病的機會。1832 年和 1844 年,還建議紐約的人民保持愉悅冷靜,以防止自己受制於霍亂。幸虧還有人有了正確的想法──霍亂經由水來傳播,不管人們是否發脾氣。然而並沒有系統的研究探索疾病的原因;所有的討論都僅只理論而已。

1850 年左右,英國醫生約翰·斯諾(John Snow)開始研究這個疾病。那時候連續發生了幾次霍亂的流行。經過 1848 年的初步研究,斯諾已可確認疾病的來源:一位水手約翰·哈洛德是第一個染病的人。然而這並未解釋為什麼哈洛德的室友也染病了,這需要進一步的研究。

所幸,至少對斯諾而言,幾年後爆發了第二波的霍亂,這一次他準備得比較充分。他畫了一張詳細的地圖,標示倫敦有死亡病例的地點，以一個黑塊表示一起死亡病例。

斯諾發現這些都發生在倫敦的布洛德街附近。他準確地猜測到布洛德街的水泵受到霍亂菌的汙染，凡是使用這個水泵的人都染病了。只有當地的啤酒廠和救濟院，因為有自己的水泵，得以倖免。

關於這個疾病經由飲用水傳播的最佳軼聞應該是一位老婦人的故事。她住在倫敦完全不同的一個區域，卻也得了霍亂。她曾經住過布洛德街，因為喜歡該地水泵提供的用水，因此每日的飲用水仍然來自布洛德街，而非自家的水泵。

然而，真正的科學研究卻需要更為嚴謹；斯諾在稍後的 1885 年才有這樣的機會。當時更嚴重的流行發生，奪走了幾千條生命。雖然他沒有意識到，但他進行了歷史上第一個雙盲試驗之一。在這項研究中，研究人員及病人都不知道他們是在哪個群組中（在本例中，乾淨還是汙染用水）。斯諾認為如果疾病是由於用水，那麼供水公司與得病機會之間應該有關聯，於是他專注在倫敦最大的兩家水公司——南華克與渥克斯（Southwark & Vauxhall）及藍貝斯（Lambeth），並且發現比起後者，前者的水源來自泰晤士河汙染較為嚴重的區域。正

黑塊代表有死亡病例。

倫敦布洛德街 (Broad Street) 附近的霍亂病例

如預料，使用南華克與渥克斯供水的人，死於霍亂的風險較大。這家公司提供 40,000 戶人家用水，其中 1,263 人死於霍亂。斯諾算出每 10,000 戶有 315 人。藍貝斯的供水乾淨多了，每 10,000 戶「只有」37 人死亡。另外一家較小的公司切爾西（Chelsea），用的水和南華克與渥克斯公司一樣的汙染水，然而他們對水的過濾更為仔細，用戶感染霍亂的人數也較少。

斯諾得到確證，所有他的研究都指向霍亂經由汙染的飲用水傳播。他沒錯，沒有多久霍亂弧菌就被發現了。唯一的問題是斯諾無法證明他正確的可能性有多大，也就是說，與霍亂相關的死亡人數與水公司之間有著緊密的關聯。絕對不是所有他同時代的人都相信「他的實驗證明了汙染水造成這個疾病」，直到 1892 年都還有醫生相信「霍亂經由土地傳染」。加上一點數學，斯諾就可以證明他正確的機率，沒有這種數學可用，可說因此犧牲了很多生命。

尼可拉斯凱吉與泳池

欠缺了什麼？約翰·斯諾要怎麼計算供水公司與死亡率之間的關聯有多緊密？我們已經看到過一種方法，就像希格斯粒子一樣，你可以假設霍亂並非由於汙染的供水而傳播，然後決定死亡率差異（10,000 戶中 315 人與 37 人）如此之大的可能性。如此大的差異只是巧合嗎？如果你假設霍亂是由完全不同的原因造成的，那麼結果會出現在機率圖的哪個部分？準確地說，應該在圖的底部。如果巧合的可能性很小，那麼你可以放心地說水質的差異造成了死亡率的差異。

還有第二種方法：設想有一連串的流行病爆發，其中使用汙染供水的人數有所不同。報紙報導南華克與渥克斯的供水不安全，於是人們大量的轉換到使用藍貝斯的供水，你就能觀察到霍亂的人數因此受到影響。如果愈多的人飲用的水乾淨，就愈少人死亡，你就可以利用這些數據來做計算。

這種關聯，即此例中飲用遭汙染水的人數與染病的人數，稱為一種相關（correlation）。科學家喜歡指出相關並非因果關係。汙染水與霍亂的發生相關並不表示一個導致另一個的發生。稍加想像，你會發現很多事物之間相關，好比尼可拉斯卡凱吉主演的影片數與淹死在泳池的人數。

觀察 166 頁的圖，你可以看出好幾年以來在泳池淹死的人數和尼卡斯凱吉主演的影片數目之間有一種怪異的緊密相關性。難道是說這位明星導致人們在泳池發生落水意外？當然不是。然而此二者具有相關性，我們想要能夠算出其相關的程度。

這樣的計算從 1900 年開始我們就能夠做了。要找出兩個變數

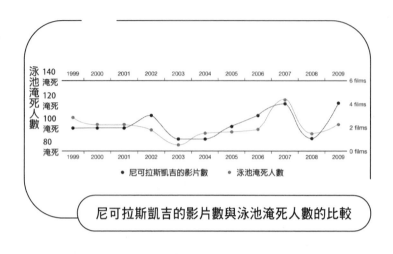

泳池淹死人數

| | | | | | | | | | | |
| 1999 | 2000 | 2001 | 2002 | 2003 | 2004 | 2005 | 2006 | 2007 | 2008 | 2009 |

140 淹死 — 6 films
120 淹死 — 4 films
100 淹死 — 2 films
80 淹死 — 0 films

● 尼可拉斯凱吉的影片數　　● 泳池淹死人數

尼可拉斯凱吉的影片數與泳池淹死人數的比較

之間有多相關，像是尼可拉斯凱吉主演的影片數和淹死在泳池的人數，我們使用相關係數，這是一個介於 -1 到 +1 之間的數。相關係數 -1 代表每次一部尼可拉斯凱吉的影片上映，游泳池裡淹死的人數就變少。這兩條曲線是彼此的完全鏡像。而相關係數 +1 則是相反的意思，尼可拉斯凱吉主演的影片愈多，淹死在泳池的人就愈多。除非尼可拉斯凱吉的影片數增加，淹死在泳池的人數不會增加。換句話說，這兩條曲線完全對應。而相關係數 0 則表示此二者完全沒有任何關聯。

就算使用相關係數也無法消除所有無意義的關聯。

166 頁圖中的相關係數還有 0.666，代表一個相當強的正相關性。這倒一點也不奇怪，因為二者的改變趨勢都不大。尼可拉斯凱吉不會 1 年之內同時出現在 20 部影片上，而可幸的是淹死在泳池中總是由於意外，不至於 1 年內壞運氣的人突然多了 10 倍。如果你不斷搜尋的話，總會找到某些變化不大的事物。

這就是為什麼我們對相關性要格外謹慎。這個例子裡，很顯然尼可拉斯凱吉對在泳池淹死的人並沒有什麼責任。然而並非總是如此。根據華爾街日報的一篇文章，兒童遊樂場的安全程度和孩童肥胖症相關。這是不是說我們應該帶孩子到比較危險的遊樂場去？是否得到安全就得到重量？極不可能，然而有人注意到遊樂場愈來愈安全，而孩童也愈來愈為肥胖症所苦，然後得到了一個強的正相關性，報紙採用了這點。統計數據很容易產生誤導。

假新聞？以統計扭曲世界

利用統計來呈現一個扭曲的世界觀非常容易。自從統計問世以來，這種事情不斷發生；早在 1954 年就有一本名為《如何利用統計說謊》（How to lie with statistics by Darrell Huff）的書，書中不只描述奇特的相關性，還有很多其他利用數據產生誤導的方式。

近期，在 2017 年中期的一個演講中，美國當時的檢察總長傑夫‧賽申斯（Jeff Sessions）說美國的居住環境正變得愈來愈危險。謀殺案比前一年增加了百分之10，這是1968年以來未曾見過的增長。賽申斯將此歸咎於外國人，還說，是時候懷疑任何進入美國的人了，而已經居住在這個國家的移民也不值得信任。

聽起來很有說服力，不是嗎？可是，儘管有那個統計數據，現在美國要比以往任何時候都較為安全。增長之所以那麼高是因為謀殺案的總數非常之低：百分之10意味著10個裡面增加了一個，或者10,000個裡面增加了1,000個。美國的謀殺案的數字跌到如此低的水平，增加很少數量在賽申斯以百分比表示時，看起來馬上顯得很大。

賽申斯的百分之10還隱藏了其他東西。增加的謀殺案中差不多有四分之一是由於在芝加哥有更多人被謀殺（全國的17,250起謀殺案中的765起，而最大城紐約市只有334起謀殺案），但美國其他地方大部分要比以往任何時候更安全。數字沒有錯誤，賽申斯並非單純的撒謊，然而推論卻是錯誤的，精心選擇的數據呈現出完全扭曲的現實。

這樣的事情可以通過各式各樣的方法做到。如果你有興趣知道我們的日子是否過得比從前好，或許就想知道我們是否有更多的錢可供花用，美國有這方面的統計數據。事實上有兩種數據，根據美國人口普查局（US Census Bureau）的官方數據，美國人的平均收入自 1979 年以來，幾乎沒有上升，甚至有相當長的時間還是下降的。因此過去的日子或許沒有比較好，不過肯定不會比較差。

另外一份數據來自一個非政府的智庫，人們可供花用的錢是 1979 年的 1.5 倍，因此每個人的生活都好很多。美國人從來沒有這麼有錢過。事實上，收入幾乎一直在增加。政府與智庫描繪出全然不同的景象。那麼，誰是對的呢？

極有可能是智庫。人口普查局遺漏了一件很簡單的事情：他們所用的數據是每戶的收入，然後除以平均每戶的人口數。而在計算 2014 年的平均收入時，他們使用的仍然是 1979 年每戶平均的人口數。與此同時，每戶的人口數變少了，更多的人是獨居的或者沒有小孩，而有小孩的家庭通常可供花用的錢比較少。因此 2014 年的平均收入計算應該除以較少的人數。如果收入分配給相對而言愈來愈多的人，日子沒有變好，邏輯上是說得通的。

有時候統計數據就是難以理解的。就拿男性與女性的薪水差異來看吧，在富裕的國家中，女性的平均薪水是男性的百分之 85。聽起來清楚明白，但完全無法接受。當然，這是個問題，然而或許不如那個單一數字所顯示的那麼糟。那些國家的女性與從事相同工作的男性相比，薪水並沒有低那麼多，她們的薪水實際上是同一家公司相同職位男性的百分之98。有這麼一個差距仍然不合理，但不如第一個數據所顯示的那麼顯著。

　　薪水的差異並不是由於從事相同工作所得報酬的差異。數據根據的是所有男性的平均薪資與女性的平均薪資。女性所得的報酬平均較低，因為在高薪階層的女性較少。大型公司的高階管理層較少女性出任，而較多女性從事的行業，像是護理人員，所得收入往往不如男性占主導地位的行業，例如警察。顯然問題滿嚴重的，但這和你光看平均薪資的數字所設想的並不一樣。女性應該有更好的機會晉升高階職位，例如通過更好地安排懷孕與產假時間，而主要由女性從事的行業應該獲得更高的報酬，然而幸好從事相同工作，所得卻較少的事情已很少發生。

　　統計數字所以能夠輕易地扭曲這個世界，因為它們通常以平均值為基礎。收入增加的數據是一個平均數，根據的是以每戶的平均收入除以每戶平均的人口數，而男性與女性薪資差異也是一個平均數。平均並不總能清

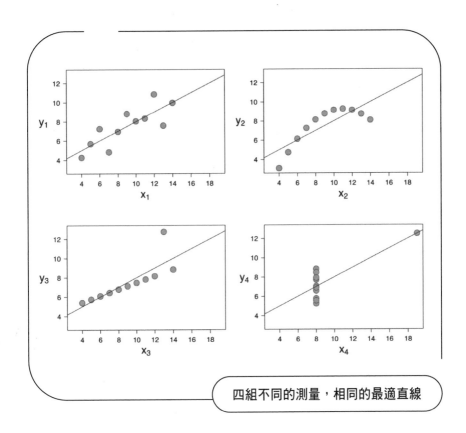

四組不同的測量，相同的最適直線

楚說明背後的實情。造成薪資差異是因為男性與女性從事的工作不同，在數據上並不是立即顯而易見的。觀察上面四個圖，在完全不同地方所做的測量，結果的統計數據卻相同。由高斯－拉普拉斯的方法所得到的最適直線，對四個圖而言都一樣。

　　這就是為什麼在讀統計數據時要格外謹慎，幾乎總是可能找到統計數據來確認你的世界觀。如果你認為過去的日子要比現在好多了，可能就不會相信我們現在賺的錢是從前的 1.5 倍；而僥倖的，又正好有官方統計數字支持你的看法。又或者你認為移民使得你的國家不安全，那麼謀殺案增加百分之 10，正好給你的想法加油添醋。當然，這對於相反的看法也一體適用。任何一個認為男女薪資有差異的說法是胡說八道的人，很容易就能引述統計數據顯示相同公司相同職位的男女同事薪資幾乎相同。他們沒有錯，然而這並不是對不平等不加處理的理由。

　　儘管存在這些風險，平均還是很有用的，它讓我們快速了解複雜的狀況。不然你怎麼能夠對富裕國家男女薪資有個清晰的認識？要一筆一筆比較他們的薪資太過繁雜了，我們需要平均來得到數據的概觀，就像我們需要計算機率的方法來做預測一樣。那些預測，不管用在收成、決定 GPS 定位或讓圖像更清晰，都由於運用數學而變得更好、更實用。它們也用在我們在本章一開始所談到的民意調查。

不需要詢問每一個人

選舉民調已經存在有段日子了。一個多世紀以來，我們就已經有了數學工具，不需要一一詢問，就可以預測整體選民的投票傾向。實際上，這個想法相當簡單。設想你想知道認為川普適任的人占多少比例。例如，這可能是人口的百分之 40。要知道這點，你不需要一一詢問每一個人對他的看法，那樣做太過繁瑣了。民調背後的想法是只需要隨機抽取，所以你就只需要調查一小群人。如果每個人被抽中到那一小群中的機會都一樣，那麼照樣會有百分之 40 的機會在小群中有人認為川普適任。換句話說，那一小群人相當好的反映了全國人民的想法。

數學用在民調主要是用來計算其可靠性。你可能選擇隨機抽樣的樣本，結果仍然只抽樣到川粉。抽樣的人群愈多，出現那種情況的機率愈小，結果會愈準確。這是說如果所有事項都正常進行的話，因為要做到真正的隨機挑選是很困難的事。以 1936 年美國的總統大選為例，那時候美國正處在大蕭條的尾聲，需要做出很多嚴肅的經濟決策。每個人都想知道民主黨的羅斯福（Franklin D. Roosevelt）和共和黨的蘭登（Alf Landon）哪一個會贏。當時深具影響力的週刊《文學文摘》（*The Literary Digest*）決定對它 1000 萬的訂戶進行一次民調。這差不多是當時人口總數 12500 萬的百分之

10。這 1000 萬人中有 240 萬人參加了民調。

　　雜誌社隨即發布了這項重大民意調查的結果。他們預測蘭登會以百分之 57.1 的機率贏得大選。然而大選結果證明《文摘》的民調完全錯誤，羅斯福以百分之 60.1 的得票率取得壓倒性勝利，蘭登只得到百分之 36.5 的選票。出了什麼問題？儘管民調的範圍十分廣泛，抽樣卻並非真正的隨機。《文摘》樣本的取得是根據電話簿、訂戶以及俱樂部與協會的會員名冊。在大蕭條時代只有富人才能負擔得起電話、訂閱雜誌及會費，而且他們也比較可能投給共和黨，《文摘》抽樣的人多數會投給蘭登。

　　近來，我們還不曾看過如此規模的慘敗。2016 年美國大選的民意調查，完全錯誤，專家預測希拉蕊有百分之 70 到 99 的機會贏得大選。然而，聽起來或許很奇怪，2016 年的民意調查卻是 1936 年以來最準確的一次，它實際上並不像看起來的那麼離譜。拋開希拉蕊贏得大選的機會，民調顯示希拉蕊得到百分之 46.8 的選票，川普得到百分之 43.6。重要的是其間的差異，相差只有百分之 3。最終的結果，希拉蕊得到百分之 48.2 的選票，川普得到百分之 46.1。實際選票的差距比預測的略小，只有百分之 2.1。民調正確地預測了柯林頓得到的選票比川普的多。但由於美國選舉制度的本質，川普才得以進入白宮。

總而言之，有三件事情出錯。首先，抽樣並非全然隨機。民意調查隨著時間逐漸改善，然而受過大學教育的人要比沒有的人更願意回應民調，由於這些人更傾向投給希拉蕊，民調錯過了相當大部分的川普選民。就像 1936 年一樣，要將貧窮及低學歷的選民納入民調，相當困難。

其次，要在讓川普得勝的那幾州進行可靠的民調相當困難。根據民調，賓夕法尼亞州、威斯康辛州及佛羅里達州會投給希拉蕊，他們過去都是這麼投票的。然而 2016 年，這三州有很多人直到選前一週都還不知道他們會投給誰，幾乎所有這些搖擺州的選民最終都投給了川普。任何一項民意調查都無法預測這件事，選民自己在民調時也不知道這點。

第三，有些人根本不說他們想投給川普，我們不知道他們是否還未決定或者羞於承認。事實就是民調機構經常可以從希拉蕊的選民得到明確的答案。這也不是民調機構的錯，當人們回答問卷時，你無法強迫他們誠實作答。民調中真正的錯誤在於樣本中的教育程度不平衡，其他的因素只是在後來才變得清晰起來。真正出錯的是他們沒能預見賓夕法尼亞州、威斯康辛州及佛羅里達州的轉變。其餘的，他們都對了。

這些例子說明，統計數據並不總能完美呈現我們周遭的世界。即使精確地進行民意調查，也常會出錯。平均值可能會誤導，而完全無關的事物可能有緊密的相關性。這就是為什麼懂點統計學是有用的：知道平均值是如何得出，或意識到相關性只不過說兩個圖看起來相像而已。統計數據可能誤導我們，然而也可以非常有用。

我們看到統計可以用來計算當你檢驗為陽性時，實際上得到癌症的機率。而這個機率可比你沒有計算時所想的要低多了。這麼一來，統計能讓你更好地掌握不確定性。其他的數據，例如平均，對鉅量訊息快速地給出了概觀；它們幫你總結，但並不能完美的顯示情況。我們沒有時間來做這些事，例如，我們無法閱讀所有關於經濟的訊息，那麼幾個平均數讓我們對情況的好壞有了概念，這樣更為有用。

了解這方面的數學是不是很重要？就像微積分，日常生活中你或許不需要親身使用，然而，懂一點這方面的知識很有用。畢竟，我們知道的很多訊息都來自民調及統計數據，它們可能以各種方式誤導我們。檢察總長賽申斯巧妙地利用統計數據，使他的同胞對於國家的安全狀況產生了扭曲的印象。民意調查可能出錯，或許出於偶然，或許出於有意，就看樣本如何抽取。實際上，所有的科學研究都用到統計，以決定實驗結果是否只是巧合。

　　統計就以這種方式對我們生活產生了極大影響。什麼對你的孩子最好？如何保持健康？下一場選舉的結果如何？什麼造成霍亂流行？還有，電腦如何理解影像的內容？你的電子郵件供應商如何知道哪些郵件是垃圾郵件？只要我們必須處理大量的數據，就會利用統計來理解它們。到現在為止，這是分析所有訊息的最佳方法，這就是為什麼統計對我們的生活有極大，而且不斷擴張的影響力。你所讀到的每一則數據背後，都牽涉到統計計算。想一想你有多經常在媒體中聽到或看到平均值或百分比，統計數據不是你應該毫不質疑就接受的事實；它們來自某處，如果你知道那則訊息是如何算出來的，又會出什麼錯，你就能以更嚴格的眼光來審視它。

Mind puzzles

心靈謎題

18 世紀初，在柯尼斯堡（現在俄國的加里寧格勒）流傳著這樣一個謎題。一條河流穿越該城，城裡有兩個小島。橫跨河面的七座橋梁，連接這兩座小島以及大陸。下面的地圖是當時柯尼斯堡的狀況。謎題是：是否可能穿過這座城市，而只通過每座橋梁一次？

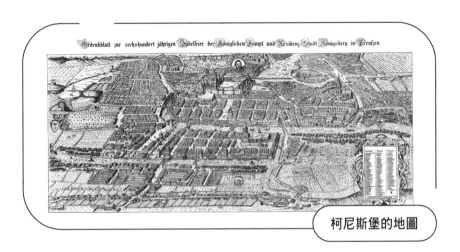

柯尼斯堡的地圖

一個解決這個謎題的方案是，嘗試各種穿過城市的不同路徑。可是這會是費時而徒勞無功的，因為李昂哈德・尤拉（前一章我們已經見過）在 1776 年已經證明這是不可能辦到的。這只是尤拉的成就之一，他也發明了許多數學上的新概念，包括正弦、餘弦及正切。即使他的視力逐漸衰退，仍然繼續思索數學，還說眼盲讓他更為專注，因為分心的事物少了。

尤拉認為忽略不相關的訊息，有助於解決謎題。例如，除了那些橋梁，柯尼斯堡的地圖就與問題無關。於是他把橋梁以直線表示，而島嶼及陸地以圓圈表示。

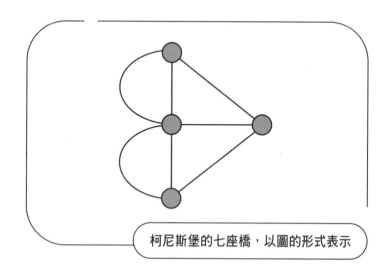

柯尼斯堡的七座橋，以圖的形式表示

只有兩條橋梁同時連到相同的圓圈時，才能由一條走到另外一條。尤拉的柯尼斯堡謎題繪圖，就是我們現在稱之為「圖」的一個例子。足以讓人迷惑的是，這不是你以前在學校裡所學到的圖，有坐標軸和曲線。在本章中，圖就是你在這裡所看到的示意圖，數學家用來研究網路。

不管你如何走完這個圖，是走一個迴圈，由一點開始最後再回到那點，或者由一點開始而到達另外一點結束；重點是你只能穿過每一座橋一次。如果是回到開始那點而形成一個迴圈的情形，由於一條線不能經過兩次，那麼就至少必須有兩條線經過這一個起點，同時也是終點。第二種情境下，起點和終點不同，於是就必須有一條線離開起點，一條線進入終點。

在起點與終點之間，你由一點經由一條橋走到另外一點，再由另一座橋離開。因此在每一個中間點都至少有兩座橋經過。你不能同時走兩座橋，或靠渡船來規避已經走過的橋。

如果把所有這些因素考慮進去，你會發現可能走遍所有不同橋梁的情形只有兩種。如果你走的是一個迴圈，那麼通過每一點的線段必須是偶數條：對途中經過的各點是兩條（或四條，或六條，端看你是否經由不同的橋通過那點好幾次），而對起點（也是終點）還有兩條線段一出一進。如果你是由 A 點到達不同的 B 點，那麼通過起點（A）和終點（B）的線就有奇數個。途中各點仍然有偶數條線通過，而在起點和終點還需要一條線只是離開或進入，所以是個奇數。

如果你難以想像這些，也沒什麼關係。重點是尤拉總結說，要能跨過每一座橋僅只一次，具有奇數座橋通過的點，不能超過兩個。由於柯尼斯堡的圖有四個點，具有奇數座橋通過，因此無法漫步城市而僅只經過每座橋一次。不管如何努力的嘗試，你永遠做不到。

或許你認為這在日常生活中沒什麼大用，然而就像遊戲引起了機率理論的發展，圖論也因這個謎題而起。尤拉是第一個提出以點和線的抽象化描述，來解決這類問題的。這個想法現在用在谷哥地圖的路線規劃。

單行道

在柯尼斯堡的例子中，無論你由圖的下方出發往上走，還是換個方向走，都沒有關係，因為你可以沿任何方向橫跨橋梁。可是某些情況下，你所採取的方向很重要，例如交通系統中的單行道。那麼單純的直線就不夠用了，還需要有箭頭來表示你可以行進的方向。例如，在曼哈頓，幾乎所有的街道都是單行道。如果你想以數學方式思考開車通過紐約市，必須考慮到這一點。以圖表示，曼哈頓的街道會像下面這個樣子：

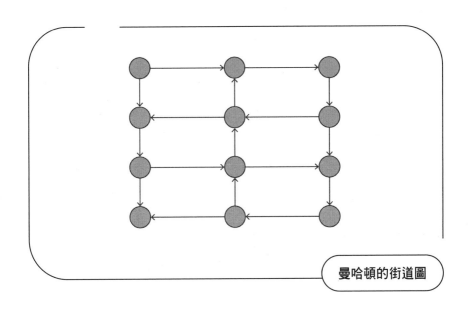

曼哈頓的街道圖

這裡以圓點代表單行道（以箭頭表示）的交叉口。你能看出在左下角會被堵住，因為沒有一條線指向離開的方向。這個圖不能作為街道規劃圖，至少對一向遵守交通規則的人不適用。

如果刪去左邊那一欄的交叉口，那麼就可以進入或離開所有的交叉口。在垂直與水平的交叉口都是偶數個的情況下，該圖可行。

而且，你可以在圖中看出，有一個完整的迴路。上面這個街道規劃不成功，因為左邊的迴路不完全。這就是為什麼進不去左上角的交叉口，也離不開左下角的交叉口。右上角和右下角沒有問題，因為迴路是完全的。數學家很容易就能告訴城鎮規劃師這項計畫可行，那麼規劃師就可以省下考慮如何設計實用的街道規劃的時間。

谷哥地圖在它的街道圖中也需要用到箭頭。要設計出一條路徑，系統必須知道某條街道是否為單行道。同樣重要的是，它也必須了解道路壅塞是否會影響雙向交通。如果高速公路的一邊有回堵，而另外一邊沒有，谷哥地圖只需增加堵塞那一邊的行車時間。如果很幸運的你走的是另外一邊，行車時間則不會改變。箭頭在這些情況下也能很有用：電腦只需要將堵塞的那個方向加一個箭頭方向，就會加在運算的條件中。

在谷哥地圖中，數字與箭頭代表行車時間及道路。或許你還記得第一章中，曾談到你只需要這兩個因素就能算出一條路徑，而不需查看實際的地圖。我們看過一個簡單的計算，找尋最短路徑：電腦按照時間長度順序，走遍所有可能路徑，直到找出去到目的地的最短路徑。在它找到最短路徑之前，它也走過那些雖然短，目的地卻不對的路徑。這個計算方法就是狄格斯特演算法（Dijkstra's Algorithm）。

186 頁圖示中，狄格斯特演算法用來找出由左下方以星號標示的格子，到右上方以叉號標示格子的最佳路徑。為了清楚顯示，圖上的點以方格表示。你可以假想每一個方格有四個箭頭往相鄰的格子去。換句話說，只能沿著水平或垂直方向從一個方格到另一個方格。深色的格子代表一條河或是其他無法行車的的障礙。每一個有數字的格子代表演算法曾經檢查過是否為目的地的地方，而數字代表去到該格所經過的步驟數。淺色的格子顯示電腦在所有可能路徑中找出的最短路徑。

與往常一樣，狄格斯特演算法有系統地計算路徑。它先檢查所有一步可達的方格，圖中它們以 1 標示，然後它行進到所有標示為 2 的格子。到達叉號的格子需要很長的時間（它在 22 格之外），因為少於 23 格的路徑很多。即使這些路徑並未抵達目的地，電腦一樣要計算它們，這就是這個演算法的問題——電腦在找到正確路徑之前要經過很多的計算。

道路愈多條、目的地距離愈遠，計算路徑所花的時間就愈長；這就是為什麼谷哥地圖不採用這個演算法。和一般這樣的大公司一樣，谷哥使用的程式是商業機密，然而由於我們知道搜尋路徑的熱門方法，我們可以做個合理的猜測，其中一個就是 A* 演算法。A*

狄格斯特演算法找出的所有少於 23 步的可能路徑

演算法類似於狄格斯特演算法，都是計算所有可能的最短路徑，不過，A* 演算法還包含了到達目的地距離的估計。

要做這樣的估計並不困難，雖然電腦看不到整個圖，然而只要多一點額外的訊息，就能大有幫助。例如：谷哥地圖知道起點和終點的坐標，每一緯度間的平均距離大約是 111 公里，而每一經度之間則由赤道的 111 公里到北極的幾乎為 0。因此，只要電腦知道起點與終點之間經緯度相差多少，就能估計兩點間的距離以及需要的時間。這項估計並未考慮道路的數目、速限、交通狀況等等，谷哥因此一定用了個更好的方法來做估計。我們不知道是什麼，但其背後的概念不會與 A* 演算法相差太遠。谷哥在做數學運算之前就已巧妙地估計了路徑的長度。

　　A* 演算法背後所用的技巧是它不只查看已經走過的距離，還估計尚且需要再走的距離。然後，它只考慮能使這兩個距離之和盡可能小的路徑。這麼一來就很不一樣了。188 頁圖顯示 A* 演算法如何算出上面用狄格斯特演算法所計算的路徑。你可看出，電腦查看的可能路徑少得多了。

　　這個例子中，A* 演算法所估計的 22 個方格十分準確，就是實際上的最短路徑長。它利用類似經緯度的計算方法得到這個估計值：由終點的坐標（左起 12 格，往上 14 格）減去起點的坐標（左起 1 格，往上 3 格），結果總和為（14–3）+（12–1）=22。中途點到終點的距離也可用同樣的方法估計。

　　電腦先查看了許多條不成功的路徑，例如：沿著河岸，如果

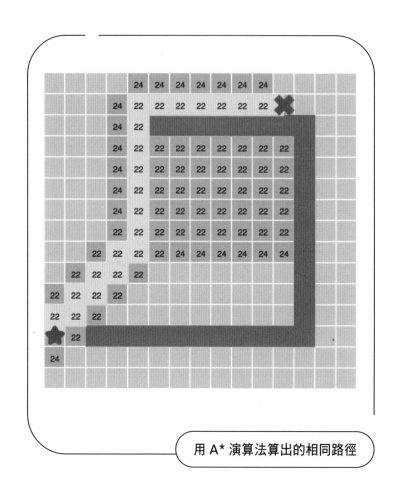

用 A* 演算法算出的相同路徑

有橋可過或許能更快抵達終點。不過，A* 演算法還是
要比狄格斯特演算法要快。在方向完全錯誤的右下角，
沒有需要考慮的方塊。這是因為那個區域不易抵達，由

起點開始，電腦要採取很多步才能抵達那裡，因此電腦估計那個地方離目的地太遠。如果方向完全錯誤，兩個距離的和就會很大，A*演算法就不會列入考慮。

如果 A* 演算法中預先估計的距離不高於實際的最短路徑，那麼它總能找到抵達終點的最短路徑。在我們的例子中，高估距離的情況不會發生，然而，如果 A* 演算法中用到的估計方法不僅只坐標相減那麼單純，而是更為複雜，那麼就有高估距離的風險，找到的就不是最短路徑。演算法可能會給出一條曲折的路徑，意外地抵達目的地，實際上卻要比高估計值所建議的要近多了。例如，在探索可能路徑時，可能採取了一條彎曲的路徑，經由許多小巷道（而不知道他們只是小巷道），卻碰巧抵達目的地。電腦之所以無法預料到，是因為根據高的估計值，它離目的地還遠著呢。

儘管有這個缺陷，A* 演算法還是比狄格斯特演算法好得多，因為電腦對長距離所需做的計算要少得多了。還有其他的數學技巧可以加速這個搜尋過程，例如：電腦可以同時由起點與終點朝兩個方向計算路徑，直到兩條路徑相遇。它由起點計算第一步，然後由終點計算第一步，跟著算起點的第二步，以此類推。利用 A* 演算法，它由兩個方向估計剩下的距離。通過巧妙的程式，電腦甚至能夠計算穿過整個北美洲公路網的有效路徑。

對於這個公路網所做的一項實驗，證明了兩個方法的巨大差異。這個公路網由 21,133,774 個點（交叉口）和 53,523,592 條線段（道路）所組成。狄格斯特演算法平均經過 6,938,720 個點來找到一條路徑，而雙向的 A* 演算法利用估計來縮減圖的大小，「只」檢視了 162,744 個點。

進行這些預先的估計十分重要，而目前該領域正進行最有創意的革新。例如，廣泛使用的「公路層次結構算法」（highway hierarchies），簡化了公路網圖，一部普通的電腦可以在千分之 1 秒的時間，在有 1800 萬個點的歐洲路網中找到最短路徑。顧名思義，高速公路對長途路徑而言可能是最短路徑。如果只走鄉間小路的話，從巴黎開車到羅馬將花費更長的時間，因此一部機靈的電腦會忽略這些道路，它只搜尋那些能夠連結你的起點到高速公路的路網。

電腦事先並不知道哪些箭頭是高速公路。公路層次結構算法面臨的最大挑戰是不經過事先處理就能識別出高速公路。它利用電腦在原本圖中搜尋最短路徑時最常經過哪些路段，就能夠完全自動做到識別高速公路。公路層次結構算法背後的想法是：高速公路是人們經常使用的道路，意味著電腦得以忽略數以百萬計不重要的點及箭頭，因此需要計算的路徑就少得多了。

回到由巴黎到羅馬的路徑，電腦先計算由巴黎城裡的起點，如何上到最近的高速公路，由於它是由兩頭計算，因此在羅馬那一端也做同樣的事。只要它找到高速公路，就可以忽略其他道路，持續計算直到兩頭的路徑相遇於高速公路上。經由忽略除了高速公路以外的道路，計算就簡化了許多。就這樣，從根據你的坐標來估計旅程長度，到經由使用的旅程數而識別出高速公路，一連串的數學想法，讓我們得以自動計算長距離的路徑。

漫遊網路

像這樣的圖我們每天都會碰到，不只在使用谷哥地圖時，還在我們並非移動時。每當你搜尋什麼東西時，谷哥就會用到它。你所看到的搜尋結果主要是取決於谷哥自個兒的網路漫遊，這樣的漫遊使得搜尋引擎更好的運行。我在第一章中曾提到，在谷哥出現之前，搜尋引擎連自己本身都找不到。

谷哥的創辦人解決了如何利用數學搜尋最重要網頁的問題。他們是最早將網路看成一個大的圖的，網頁之間以超連結相連，例如，在維基百科中你能夠由一個網頁跳到另一個網頁而漫遊網路。如果漫遊途中不斷地回到同一個網頁，那麼它必是個重要的網頁，它在搜尋結果中排名甚高。因此谷哥花費很多時間行遍網路，查看當你搜尋時，最後會選取哪個網頁。通常那會是維基百科，而非什麼無名的網站，上面只有柯林頓總統舊時的照片。

谷哥當然是利用數學運算來做到這點。這樣就好，因為如此一來，它能更確定的將正確的網站標示為重要。如果你只是隨意上網，有很大的機會你會被卡在什麼地方，或許是一些關於陰謀論的網站，他們彼此之間都有鏈結，卻不如維基百科那樣，是重要訊息的來源。谷哥的計算還確認你能看出其間的差異，這在你隨意漫遊網路時不一定能夠做到。這麼一來，大部分的搜尋不會去到陰謀論的網站，而是給出精確的訊息。例如，近期的一項研究顯示，對於那些更符合事實的新聞網站，谷哥給予更高的排名。

設想 193 頁那個圖代表整個網路。圓圈裡的文字代表網站。例如，B 可能是維基百科，它的訊息來源可靠，且經常為許多其他的網站引用。數字代表谷哥對這個網站重要性的評價，也是谷哥需要計算的。評分高表示網站重要，評分低表示造訪該網站前應該三思。至少，谷哥是這麼認為的。

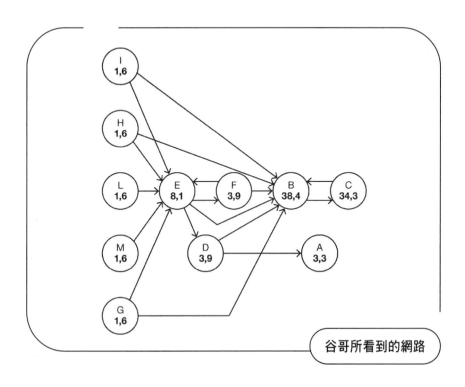

谷哥所看到的網路

　　要計算這些數字，你得假裝真的在網路上進行旅程。你由一個網站經由鏈結去到另外一個網站，也就是經過圖中的箭頭。你在網站 I 讀到某些東西，然後連結到網站 E。從那裡再連結到網站 F，最後抵達網站 B。這個例子中，幾乎所有的路徑都可連結到 B（維基），因此它得到高評分。你很快發現自己來到那個網站的某個網頁上，而且理當如此。

維基本身參考另一個網站 C 的材料，作為更進一步資訊的來源。雖然 C 只連結到維基，它還是得到高評分，儘管曾有不少的抱怨，維基百科現在已相當可靠。網站 D 也只有一個網站引用，得分卻低多了。因此不僅是有多少網站引用你所閱讀的頁面很重要，那些網站的評分有多高也很重要。

是不是比較清楚了？假設你要在兩個網站間做個選擇——維基關於 911 的網頁，以及一個倡議這個事件陰謀論的網站；根據谷哥，你應該先看看他們的鏈結數目。維基有很多鏈結，然而陰謀論網站背後的支持者花了巨額款項，以確認這個網站有更多的鏈結。因此，許多談論各式各樣廢話的網站，幾乎沒有人造訪，卻都和它有鏈結。這是不是意味著維基突然變得沒那麼重要了？一點都不會。谷哥並不希望人們花大把鈔票來確保他們的陰謀論網站成為搜尋 911 資訊結果的首位。谷哥用戶希望看到的是最可靠的訊息，而不是花了最多錢的訊息。谷哥可以藉由考慮參考特定網頁網站的重要性，確保在一定程度上做到這一點。你不可能付錢給 BBC 以在其網站放置陰謀論網站的鏈結，這使得與 BBC 網站鏈結的重要性，遠高於其他網站主動銷售的鏈結。

然而，這並非我們真正使用網路的方式。上一次你一個鏈結接著一個鏈結的點擊，造訪 50 個網站是什麼時候的事？如果你想造訪臉書，大部分時候你會直接鍵入網址。經由鏈結進入廣為人知的網站太花時間了，谷哥也很少這麼做。有時候在運算過程，它會直接進入一個網站；同樣的，你可能突然就由維基轉到臉書（圖中可能是從 B 到 E），因為你忍不住想看看你的好友有沒有什麼新的貼文。你在網址列鍵入臉書的網址，而不是跟隨網站的鏈結，也就是圖中的箭頭，最後抵達臉書網站。這種情形的計算中，電腦使用網址而非鏈結（不經箭頭，隨便跳到一個網站）的機率大約是六分之一。這並沒有完全的模仿我們的行為，不過電腦有六分之一的機率鍵入網址，還是能夠精確反映網站的相對重要性，卻沒有嚴重拖慢運算（機率愈低計算時間愈長）。

到頭來，它實際上不過是個需要填入數字的大型謎題。如果你由 B 網站進入 C 網站，C 網站會得到較高的評分，因為進入網站的鏈結使得網站更為重要。如果你由 C 網站回到 B 網站，那麼 B 網站也會得到更高的評分，因為連到 B 網站的一個鏈結比較重要了。這樣一來 C 網站的評分又被提高了，以此類推。好在這些評分不會無限制的往上加。數學上能夠證明，到達某個水平後，評分不會再改變了。谷哥通常在 50 個計算後停止，換句話說，對任何一個能由它的搜尋引擎找到的網站，它來回計算評分 50 次！只有這樣，評分才不會再有所改變。

因此這當中的數學原理是這樣的：你經由一個由鏈結組成的圖瀏覽網站，不時的鍵入一個網址，隨意造訪另外一個網站。最重要的網站可以經由鏈結連到其他重要網站，也就是你在瀏覽網路時常會遇到的網頁。事實證明這樣的運作良好，不僅適用於網站，也適用其他狀況，例如查找你可能喜歡的影片。

利用圖來選影片

網飛利用同樣的運算來推薦新影片與電視影集。關於這一點，我們並不能完全確定，因為網飛和谷哥一樣對運算法十分保密，不過可能也是利用圖，你瀏覽其中，最終到達它的推薦清單。你也可能因為看到了海報，或有朋友熱切推薦，而查找完全不同的東西。網飛利用你的選擇，試圖了解你的口味。它把你分類在幾個小群體中，然後利用這些分類來進行推薦。在這背後用的是和谷哥一樣的運算。回顧第一章，我們在那裡討論過如果你觀看了《鋼鐵人》，後續會如何。網飛會利用它對其他訂戶的了解：他們在看過這部影片後接著會看什麼影片，又有多少人在看過《鋼鐵人》之後又觀看《鋼鐵人2》，如果這樣的人數很多，那麼這就會是一個好的推薦影片，於是給《鋼鐵人2》高百分比，表示這部片子與你所觀看過的影片及電視影集類似。《藍色星球》不會取得高百分比，因為很少人會同時喜歡動作片及自然紀錄片。

數學上來說，網飛和谷哥所用的幾乎沒有差別。網飛的演算法模擬人的行為，它假設大部分與你有相同口味的人會觀看的影片，你也會觀看。就像谷哥假設很多其他重要網站參考的網站，會是一個重要的網站。一部影片如果與你觀看過的許多影片類似，那麼你也會喜歡。而你時不時覺得要找點刺激，觀看完全不同類型的影片，看看是否會喜歡，那麼數學的計算不會單純的一路到底去到類似的影片或劇集，而是跳到圖上一個完全不同的地方。

因此我們看到，為了在網路上找出最重要訊息而發展的數學，也可以用來查找適合用戶口味的影片和劇集。兩者都需要龐大的計算能力。網飛上有鉅量的電影和劇集，每一部都要給一個評分，就像谷哥一樣，那個評分針對每一個用戶，而且必須經過一再的計算修正。它的運算在於確認推薦給你的影片及劇集，適合你的喜好。

然而，這種方式不是總能行得通，網飛無法為你推薦一部影片或劇集，如果它和你曾經觀賞過的屬於完全不同類型。換句話說，它不能帶給你什麼驚喜。它計算出的推薦清單，是和你曾經觀賞過的影片最相似的，不會有完全不同類型而你也有可能喜歡的影片。這種事數學做不到，它完全不懂影片。

利用數學更有效的治療癌症

不只是大的網路公司喜歡使用圖，醫院也使用它們，例如用來預測特定癌症治療方式的有效程度。每個病人情況不同，部分原因是由於基因的差異；然而研究證實，這些差異能以谷哥及網飛所用的計算方式，相當精確地預測出來。在使用這些計算方法之前，醫生們採取的治療方式對大約百分之 60 的病例是正確的。當他們在 2012 年的一項研究中使用了圖論，從一開始就獲得了百分之 72 的成功率，這是極大的改善，否則那些病人可能浪費時間在無效的治療上。

癌症治療方式的預測根據的是一小部分的基因，在使用數學之前，選擇哪一組基因不過是個猜測。每個研究人員自行選擇所關注的基因組，很多時候與他們同事所做的選擇完全不同。沒有人確切知道哪些基因最重要，由於基因數目龐大，幾乎無法做出合理的選擇。更麻煩的是，研究人員想要尋查的是那些在治療後有所改變的基因，然而有一些基因影響了其他基因的行為，本身卻沒有明顯的改變。結果就是，重要的基因可以對研究人員隱藏自己，要確認哪些基因在特定治療後有顯著的改變，是一件艱鉅的工作。

由於在鉅量訊息中搜尋特定資料，和谷哥及網飛所做的正是同一件事，一群研究人員提出將相同的運算應用到基因上。於是他們設計出一個圖，以基因行為改變，以及相互影響的實驗為基礎；圓點表示基因，其間的線段表示彼此之間的相互影響。

和谷哥與網飛有稍許差異的是，研究人員一開始並不是給所有的基因相同的評分。起始分數是根據其他有關基因與病人存活率的研究得到的。例如，一個很活躍的基因，有助於抗擊癌症，因此獲得較高的起始分數，意味著醫生應該重視它。然後，圖的運作就和谷哥及網飛的完全一樣：電腦由一個基因到另外一個基因，觀察將基因彼此間的相互影響納入考慮時，評分如何變化。

通過不斷的重新計算，最終一些基因出線，顯示他們對病人的存活機會及治療的反應至關重要。因此，這個演算法處理所有關於基因重要性，以及它們彼此間相互影響的訊息，從而確切找出那些直接或間接在癌症治療中，最為關鍵的基因。比起 2012 年之前的方法，這樣的數學，更輕鬆而準確地創造出所有關於基因知識的完整概觀，儘管它並非為了這個目的而設計——一支數學得以用來拯救生命。

臉書、好友及人工智慧

　　再舉最後一個例子，臉書也使用類似的圖來做計算，不是用來分類資訊，而是推薦好友。畢竟，臉書知道誰和誰是好友，於是形成一個巨大的圖，顯示每個用戶，並將他們連結到他們的好友。由你開始遊歷這個好友圖，臉書可以算出在真實生活中你還可能遇上的人。在一個聚會中，你有很大的機會遇到和你有很多共同好友的人，這同樣適用於和你朋友有共同好友的人。這一點比較難以量化，不過讓我們假設有 20 個這樣的人吧，你的一個朋友可能有機會將你連結到這些中間好友之一；換句話說，臉書不僅知道你認識哪些人，還知道你可能會認識的人。

　　如果這件事讓你憂心的話，那麼它還不如臉書所知道關於你的其他事情更令人驚恐：你打電話給誰、你瀏覽哪些網站等等。有太多故事顯示，臉書嘗試蒐集的用戶資訊有多麼大量，甚至還包括從來沒有過臉書帳號的人，所有這些都是為了讓它能夠使用圖來分析這些鉅量的數據。臉書並不像谷哥那樣將搜尋結果排序，它使用所謂的「類神經網路」（neural network）。這種網路使得幾乎所有人工智慧的應用都成為可能，從語音辨識到過濾垃圾郵件到醫學診療。它們也用來優化針對性廣告，臉書就這樣將用戶分類，像是「180 天內可能會購買馬自達」之類的群組。

類神經網路，加上鉅量的數據，讓臉書得以在你尚未決定之前就知道你可能會買什麼。這個想法是，圖不僅讓我們能夠計算哪一個圓點是最重要的，還可以用來模擬我們的大腦。不再是連接在一起並互相發送信號的神經元，類神經網路是圖，圓點間經由連接的箭頭傳遞數字。訊息由一端進入，而由另一端以預測出現：例如，由你作為臉書用戶的資訊，預測哪些廣告類別最適合你的需求。這些圖並非一成不變的謎題，只需要嘗試填入適當的數字就可，它是動態的整體，可以用來對全然不同的東西進行預測。

如 202 頁圖所示，類神經網路是一個圖，但是每個圓點扮演不同的角色。左邊那一欄是輸入，就像我們的大腦一樣，訊息由此進入。對我們的大腦而言，可能是一張照片或臉孔，然而在這些網路中則以 0 到 1 之間的數字出現。這些數字，也就是信息，經由中間那層的四個圓點處理。左上角輸入的 1 到了中間那層最上面的圓點可能變為 0.5，因為每個離開那個圓點的輸入數字都被除以 2。箭頭會改變數字，就像神經元的連結會改變訊息一樣。這些連結的強度不都一樣，因此某些神經元彼此間的影響要比其他的大得多，

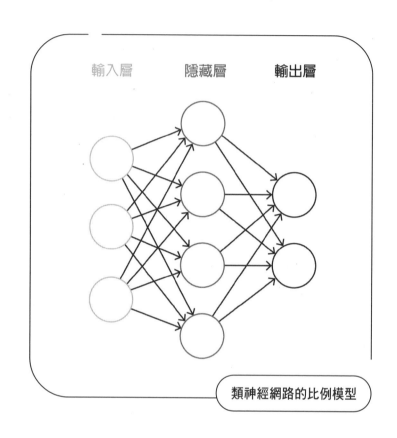

類神經網路的比例模型

可能把輸入值乘上個數字或者除以更多份。通過圖，演算法模擬了大腦的工作。

　　經過好些回合，輸入值經由連結有了變化，最終的信息抵達最右欄的圓點，也就是輸出值。例如，如果輸入值為一張人臉照片，右欄的圓點可能代表是男性還是女性這個問題。如果電腦確認是男性的照片，代表「男性」的圓點值為 1，代表「女性」的圓點值為 0。通常我們並不知道電腦如何得到那個結果，換句話說，就是如何將輸入值如何準確的轉換成輸出值。

很多情況下，電腦自己設計中間的步驟。它會在解決問題的過程中修改那個圖，這就是「訓練期」，這段期內電腦通過在它已經知道答案的照片上做練習，改善解決問題的能力。這就是為什麼我們常說電腦能夠「學習」，它改變了圓點鍵結的值，也就是箭頭上的數字，例如：如果左上方的圓點代表照片人物頭髮的長度，剛開始時對電腦運算可能並不重要，於是這個圓點以及由此發出的箭頭得到很低的評分。在「練習」當中，電腦可能發現頭髮長度是個重要的因素，就會給由「頭髮圓點」發出的箭頭較高的分數。

這需要鉅量的數據。臉部辨識需要大量的照片，而為了訓練，我們需要知道照片是男性還是女性。電腦以相當隨機的方式開始，第一張照片它認不出什麼東西，但還是給出一個答案，於是將之與用來作為基準的正確答案比較，在那個比較的基礎下，電腦做了些修正，再進行到下一張照片。如果電腦重複這個步驟的次數夠多的話，最終幾乎總能夠給出正確的答案。

電腦終於能在圍棋中擊敗人類了。長久以來，圍棋對電腦而言，過於困難，然而成功打敗人類的那部電腦用了一個巨大的圖，與自己對弈了幾百萬局，才與人類對決。它利用每一局如何取勝的信息修改所用的圖。這個過程中，它學習了圍棋的規則，以及如何精進技藝。今日，一部電腦只需要經過 3 天的學習，就能高超到擊敗當今的冠軍。

臉書採用相同的想法來找出你是否有可能購買一部馬自達，情治單位希望利用這個技術來識別罪犯及恐怖分子；中國正在建立了一種社會信用體系，藉此根據個人的行為表現，給每個人一個評分。還有很多其他的應用，有些頗令人擔憂，例如：電腦可以根據照片，判斷一個人的性別傾向。這項判斷還不完美，然而是可能的，這就意味著濫用的可能性。

劍橋分析公司的醜聞就是個很好的例子，這家英美的顧問公司利用臉書的數據來預測政治傾向，包括怎樣的訊息對哪些人最具吸引力。更準確地說，他們研究出如何說服人們投票給川普。他們也為 2015 年美國總統候選人泰德‧克魯茲的競選活動效力，然而並不成功。我們永遠都不會知道劍橋分析的工作對人們的投票方式有何影響，然而非常清楚的是，該公司一開始根本就不應該有權使用那些數據，而由於圖論，它能藉此而大有作為。

幕後的圖

就如我們所看到的，圖到處冒出來。不像統計那麼直接，而是在幕後。正如積分和微分一樣，我們不需要懂任何圖就會使用導航系統、谷哥或網飛。那麼，懂點圖論重要嗎？我認為是的，因為圖的應用方式對我們的生活有極大的影響。

本章開始時，我們看到谷哥地圖如何運用圖來計算到達目的地的最短路徑，就像積分和微分，那種應用並沒有讓我們的生活有太大的改變。他們讓事情變得容易，比方說，你不再需要能夠讀懂地圖，然而它並不足以讓我們提出更嚴肅的問題，例如我們是否真有這個需要。當然，我們需要儘快得到一條由 A 到 B 的路徑，如果圖論能讓這件事變得容易些，很好啊；作為使用者，你真的沒有必要知道它是怎麼辦到的。

然而，如果谷哥、臉書以及其他公司利用圖論來為訊息排序，或利用類神經網路來做出決策，那就是完全不同的事了。那麼，了解一些這方面的知識就很有用了。例如，智能服務平台突然想要存取大量的個人數據，他們要用來做什麼？他們能由其中得到什麼訊息？哪些步驟是由人來控制的，如果人類沒有涉入又會如何？只有懂得圖論的人，才真正能夠回答這些問題。

　　圖論的知識有助於我們在很多議題上形成自己的觀點。谷哥及臉書經常操縱它們的用戶，形成「泡泡」，在其中提供的主要訊息更加鞏固他們已有的想法。作為用戶，你得做出格外的努力，來找尋其他的思維方式。谷哥及臉書對此難道無法有所作為？他們也能取用所有其他的觀點，那些觀點也在網上，為什麼我們卻看不到呢？為什麼我無法主動明確的表示我也要從其他角度來看事情？答案單純的就是因為谷哥及臉書所用的數學並非為此而構思的。他們不能夠「僅只」調整他們的演算法，讓我們得以看到與我們有興趣的主題有關，卻是完全不同的看法。

　　正如我們所看到的，對谷哥和臉書而言，最重要的訊息就是最容易取得的訊息；換句話說，是與你搜尋的訊息最類似的訊息。就像網飛推薦不出一部完全出乎意料卻又與你觀看偏好完美相符的影片，谷哥也給不出超出你在搜尋列鍵入的關鍵詞以外的訊息。過濾假新聞並不如聽起來那麼容易，因為數學運算並不能「查看」網站的內容。當然，數學家正努力實現那個目標，但絕不會一夜之間就能辦到。他們現在所用的數學也不容易做到這點。

假新聞，對隱私及人工智能的關注，已經成為重要的社會議題，他們都是基於圖論的可能性及侷限性；這就為什麼至少對這個領域的數學有點了解那麼重要的原因。如果你想對我們今日面臨的重要社會議題發表意見，你得知道他們的基礎是什麼，哪些解決方案是可行的、哪些不可行。若不懂圖論，你就做不到這一點。

What math is good for

數學有什麼用

　　容我再說一次，數學真的很有用，而且與我們息息相關。即使我們沒有意識到，在日常生活中也是如此。然而數學怎麼能夠這麼有效用？我在第二章提出了這個問題，我們也在該章中看到，這和你如何看待數學無關，不管你認為它是如柏拉圖的地穴寓言那樣的抽象形式，還是如福爾摩斯小說那樣大型的虛構。兩種狀況下，數學的用途並不是立馬可見。如果數學是那麼抽象的東西，它和我們周遭的現實能有什麼關聯？

　　有了這一類的疑問，如果讓數學盡可能的簡單，通常會有些幫助。那麼數字怎麼能有用處？我們在久遠之前，就開始使用它們來準確記錄數量。由於數字的本質，它們得以用在各式各樣的狀況中。正整數簡單而特別：由 1 開始，持續不斷地加上 1。2 不過是在 1 與 3 之間的數。

　　我們計數時，把 1 當成某種盒子，放入第一個東西，2 就像是放入下一個東西的盒子，以此類推。無論是麵包、綿羊、硬幣還是其他什麼東西，你放入東西的順序，使它們得以分開。然而並非所有的東西都能這麼做。試試看數一數成堆的沙子，在地上堆一堆沙子，旁邊再堆上一堆。兩堆沙子非常可能塌了一塊，而混在一起了。那麼，現在有的就不是兩堆沙子，而是一堆比較大堆的沙子。一堆沙子加上一堆沙子還是一堆沙子。這是不是表示 1 + 1 = 1？絕非如此，只是表示數字對點數成堆的沙子而言並不適用，因為沙堆不是可區分的單位。對沙子而言，例如，可用公升為單位，就算沙子流動成為一堆，1 公升加 1 公升還是等於兩公升。單位使得事物成為可記錄數量的形式。換句話說，數字有很嚴謹的結構，這點很有用，因為我們周遭，同樣的結構放眼都是。這並不表示你對它們就能隨意擺弄，因為要數成堆的沙子仍然不容易。

回到我們的問題：數字多有用？它幫助我們建構周遭的事物。它們有用而且易於應用，因為它讓我們專注在那個結構上，而忽略當下並不重要的細節。這就是為什麼數學不同於福爾摩斯的小說。小說對實際情況有相當不錯的描述，比方說，你能學到關於福爾摩斯時代倫敦的某些事物。然而小說並沒有提供抽象的概念，故事中並沒有任何結構可以像數字對於數量一樣，讓你的注意力專注於某個特定的屬性。

數學中的錯誤

數學是讓我們周圍事物有序的適當方式，這就是為什麼你能用它來了解數量。聽起來很不錯，卻並不總是那麼單純。一旦我們開始使用較為複雜的數學，很快它就不再那麼迅速地反映現實，錯誤不知不覺就出現了。例如，谷哥的演算法假設由一個網站到另一個網站的每一個鏈結都是正向的，沒有一個鏈結會把你帶到一個滿是廢話和錯誤訊息的網站。你不希望在你的搜尋結果中出現這種網頁，然而數學看不出其中的差異，它只不過給了那個鏈結額外的分數，就好像臉書無法在它的圖中看出哪些人你真正認識，哪些只是為了好玩而加為好友。就數學而言，你跟你臉書上的聯絡人都是一樣的好友。

由於數學簡化了狀況，因此絕不會每次呈現的都是最完美的畫面。舉一個物理學的標準問題為例：有人向著一座城堡發射大砲，砲彈會落在哪裡？數學計算的結果有兩個答案，一個正值、一個負值。砲彈會沿著發射方向落在離城堡 100 公尺的地方（正值），或者剛好相反方向的 100 公尺之處（負值）。後面那個答案顯然沒有意義，砲彈絕對不會朝著發射方向相反的方向行進。

　　有了數字，很容易說數學是有用的，因為它完美的安排了我們周遭的狀況。說的沒錯，只要你能夠謹慎對待要計數的事物。如果把事物弄得複雜一些，現實世界與數學結構之間不知不覺就出現了差異，數學計算的結果會出現與真實情況不一致的東西。然而即使在這些情況下，還是會有足夠的相似性，仍然可以說數學對此有所助益。由於我們清楚知道，砲彈不會朝相反的方向行進，我們仍然可以採用計算結果，不過是把負值那個結果丟棄而已。

　　那麼，究竟是怎麼回事？到底要有什麼樣的相似性，數學才能有用？其中會包含多少個錯誤的結果？我們不知道。哲學家們忙於討論這些問題，等他們取得一致的看法並非明智之舉，就目前而言，能說相似性有助於解釋數學在實用上的運作原理就夠了。數學以我們或許沒有注意到的方式建構我們周遭的世界，讓我們不用考慮細節而專注於面對的實際問題。

全都是巧合嗎？

　　與真實情況的相似性，這就是確定數學能有什麼用處的重要因素。但是，相似性由何而來？它們是無中生有的呢，還是經過數學家的努力才讓數學成為可用之物？這個問題還沒有清晰的答案。看看數學家自己認為什麼東西重要。阿基米德有過各式各樣的實用發現，而他認為他關於球體、圓柱體與圓錐體之間關係的定理最為重要。然而，就是那項發現顯然並沒有實用的價值。誰會在意要從圓柱體中移除多少就能夠得到個圓錐體？你從實做中就能發現。

　　數學家通常並不關心他們的發現如何應用在實際中，這就是為什麼數學如此有用，卻看起來似乎不過是碰巧而已，或許數字和幾何並非如此，但對我們討論過的數學領域確實如此。第三章中，我們看到算術和幾何一開始是為了解決實際問題，當人們生活的團體愈來愈大，就出現了嚴重的行政管理問題；城邦國家需要有效率的方法來徵稅、記錄庫存、計畫未來，而數字幫助他們解決了這些問題。

　　然而那些數字只不過是緩慢演化出來的。在美索不達米亞他們有石製代幣，這是一種便捷的方法，以相同數目的代幣，記錄擁有貨品的數目。最後，代幣為泥牌上的標記所取代，這要比一堆石製代幣便於攜帶。總之，我們開始使用數字因為它們有用。這並非碰巧；最早的數學計算格外實用，這些數學用處很大，因為它解決了困難的問題。

幾個世紀之後，情況就沒有那麼明確了。不同文明中的數學家開始研究「無用」的問題。他們企圖解決這些問題，更多的是為了求知慾或是為了增加自己的地位，而非其實用性。現在還是這種狀況，我們對那些「無用」的數學致以崇高敬意。我們記得的希臘數學主要是高度抽象的工作，幾乎沒人聽過尤帕里內奧（Eupalinos）──那個挖隧道的人，但每個人都記得畢達哥拉斯──最早的數學家。

不管數學家為何發展出抽象的概念，它們是能應用到實際上的。畢氏定理對判定直角很有用，而大部分阿基米德的工作都有許多直接的實際應用。比較困難的數學諸如微積分、機率論及圖論也一樣；說來也奇怪，它們通常也不是湊巧發展出來的。

例如，牛頓和萊布尼茲當時就知道微積分將會變得重要。牛頓馬上就用在他自己的物理學上，雖然剛開始時很困難，他們還是能夠直接應用他們的數學理論，因為背後的想法實際上非常簡單──他們想研究變化。當然，我們到處都看到變化，牛頓藉由假想在曲線上行進，在他的數學中看到了變化。這樣一來使他的想法比較抽象了，卻並沒有減低與實際的相關性。

當然，一個計算變化的方法在實際上有其應用性，這就意味著它的發展也不如看起來那麼純屬偶然了。與此類似，機率論由必須在結束前中斷的賭局開始。看起來和民意調查、疾病或犯罪數據沒什麼關連，然而間接的卻相關。數學家自問要如何計算不確定的東西，如何以精確的方式處理不確定性。

我們在各式各樣的情況下都會碰到不確定性。因此，如果你知道計算不確定性的數學方法，就能夠利用它來研究周遭的世界。這並不表示機率論的應用是件簡單的事。結結實實花了幾個世紀，我們才能夠舉辦民意調查，並能夠在數學上計算它的準確程度。重點是，這些應用並非偶然，數學家對不確定性產生興趣，研究的結果最終得以用來探索我們周遭具體的不確定事物。不管是不是無用的遊戲，他們選擇研究的課題，已經具備了發展潛能。

這點對圖論也一樣。尤拉由一個謎題──柯尼斯堡的七橋問題，開創了這個數學領域。這個謎題本身沒什麼實用價值：知道數學上不可能只經過每條橋一次來穿越城市，有什麼用處？背後的想法也不是馬上就清晰可見：漫步城市和路徑規劃或搜尋引擎似乎沒什麼關聯，直到我們以更一般的角度來看這個問題，事後諸葛很容易。尤拉研究了一個網路，其中不同的地點彼此連結。稍後我們在其他狀況下碰到類似的網路。

今天尤其如此，社交網路就是最明顯的例子。但是還有更多類型的網路，利用圖論也很容易研究交通網路，還有火車及捷運網路，以便可以製作時間表。我們也看過影片及劇集形成的網路，還有彼此行為相互影響的基因網路。圖論就是對網路及其性質的總體研究，因此再一次，它能廣泛應用到實務上也並非偶然。

就這樣，數學家的抽象工作經常受到我們日常所見事物的啟發。這也是為什麼這些領域的數學可以用來幫助我們更好的理解周遭世界，卻一點也不巧合的原因。數學之所以有用是有道理的。

數學幫上忙了

我們已經探討了兩個大問題：什麼讓數學有用，以及那純粹是巧合嗎？然而，為什麼我們會想到以這種方式使用數學？正如我之前所說的，數學並不能讓我們做到沒有數學就做不到的事。看看第二章中我們談到的皮拉罕，還有其他的文化，他們完全不用數學也能處理數量、形狀、社群、變化等問題。如果有人向他們展示如何建造一台機器，我敢說他們也能按照必要的步驟，自行完成。畢竟，數學並不在機器或建築物之中。人們無需數學也能做很多事物，只是難度大些。

數學想法與現實在結構上的相似性意味著數學讓解決實際問題變得簡單。數學簡化了現實，藉由僅只專注於結構，你不需要在腦海中保存所有的細節。我們一眼看不出 21 條麵包與 22 條麵包之間的差異，直到將它們整齊的排成兩列，並且看到有一列比較長些，而這基本上就是數學的作用。

就以天氣為例吧，有很長一段時間，我們沒有使用數學來預測天氣，我們不過就是仔細研究目前的天氣狀況，思考它會如何變化。如果風從東面來，而我們看到那個方向有很多陣雨，就能相當肯定將會下雨。然而，要掌握所有那些微小的差異與變化很困難，那麼多、那麼快速的變化，我們就是沒辦法。我們的確也沒有那個時間，你可以將所有那些內容寫成一本大書，花上 100 年來搞清楚，然而，這對誰都沒有用處。

數學讓我們專注於天氣最重要的部分，像是氣流以及它隨時間的變化。當然，我們可以把這些計算留給電腦，否則用數學式子來做天氣預報仍然不可行。我們之所以能這麼做，得感謝微積分；沒了它，就算電腦也無法預測天氣。

因此，數學有助於把複雜的問題簡單化。你之所以應用一個數學方法，因為在數學中的結構以及在現實中的結構有相似之處。由於這種相似性，你可以忽略現實世界所碰到的細節。你可以讓時間停止，閒暇之時再看天氣的各方資訊。你也可以對人際差異不予理會，只關注平均收入或政治偏好，這樣一來解決問題要容易多了。

這就是本書中所談到的許多數學如何發生效用。然而有時候，數學之所以有用，是由於完全不同的原因——它能提供新的解決方案。我們在第一章中見到幾個例子。

數學經常給物理學帶來驚喜：科學家保羅·狄拉克（Paul Dirac）及奧古斯丁·菲涅耳（Augustin Fresnel）在他們的計算出現意料之外的結果時，有了新的發現。就像砲彈的例子，他們關於粒子以及光的行為的實驗，出現了看似瘋狂的結果，然而證明他們是正確的。數學比我們想的更符合實情，甚至展示出我們還沒有注意到的事物。

我們不知道怎麼會這樣，數學為什麼那麼有效用是一個謎團，也就是說，如果它真的發揮那麼好的作用，那我們就不僅僅是運氣好而已。雖然可以很清楚地看出數學如何讓問題變得簡單、如何幫助我們找到新的理論，然而看似奇怪的結果有時導致新發現的可能性卻很小，不過這也不致於降低數學的特殊性。

日常生活中，也是如此

這些新的發現通常都在科學領域，大多數人因為不怎麼常用數學所以不容易有機會碰上奇特的數學預測。不過，即使我們不是積極地使用數學，它對我們的日常生活還是很有用，因為它使我們周遭的世界更容易理解。離開學校後可能就用不到微積分了，至於那些我們花了很多時間盯著的公式，如果運氣夠好的話，幾乎也不用再看到。就算是我，也不需要用到，而我還是位數學哲學家。那麼為什麼儘管如此，我還要繼續鼓吹我們需要懂一點數學？

數學並非我們日復一日間接有所接觸的唯一事物。車子的引擎呢？政治呢？兩者都對我們生活有極大影響。沒有汽車，我們出行會困難多了，沒有卡車和貨車，將難以獲得日用商品。政治也是一樣，一般而言，大多數人沒有直接涉入，然而政治決策影響我們每一個人。汽車引擎及政治對我們的生活有間接但深遠的影響，這是不是意味著我們得多少了解他們的原理？

對汽車引擎而言，這麼說有點瘋狂，汽車駕駛不需要知道汽車運作的原理，他們在意的是汽車可以運行。不同的引擎，例如由使用汽油轉換到電動，對你的生活並沒有太大影響。車子照樣行駛、經濟照樣運轉，可能更為環保，但基本上沒什麼不同。

至於政治，有點不一樣。由民主政權轉換成威權體制當然會影響到每個人。較小的改變，例如一個新法律通過與否，也會影響我們的日常生活。這就是為什麼在學校裡我們要學習政治制度如何運作。雖然有時候對你的日常生活而言，政治似乎遙不可及，可是懂得一些政治制度的運作顯然很重要。你不會每天都要面對它，然而了解是怎麼回事並非不重要。

數學也是如此，雖然不同領域的數學之間有所差異。理論性極強的領域，像是集合論，幾乎和日常生活沒什麼關聯，這就是為什麼我在本書中沒有討論。然而，在實踐中經常使用的數學領域之間也有巨大的差異。積分與微分非常重要，但是它們與汽車引擎要比與政治有更多共通之處。如果數學家提出了另外一個計算變化的方式，不會造成太大問題，甚至還有不同的方式應用積分與微分，然而用哪種方法沒什麼關係，它們都產生相同的天氣預報、相同的建築物，以及相同的選舉預測。重點是方法有效，且我們不需要思考太多要如何做到。

　　積分和微分應用的地方實在太多了，對它們稍加了解也不會有什麼害處。我們在很多職業中都會碰上它們，它們在今日社會的發展中，扮演了極重要的角色。就如我在第五章中所言，你可以將它們與歷史進行比較。知道你所在的世界如何發展到今日模樣，為什麼事物會是它們現在的狀況，對你而言很有用，因為它讓你對社會有更好的認知。你可以用同樣的方式來看積分與微分。微積分是歷史上最具影響力的概念之一，即使計算的細節對日常生活並不具備直接的重要性，學一點這方面的知識也是有利的。

　　另外，統計的確對我們日常的生活影響極大。平均收入的改善如何計算出來，對結果會造成極大的差異，因而影響到我們對社會的觀感；民調、男女薪資差異的數據，以及科學研究的結果也是一樣。統計讓鉅量的數據得以為人使用，顯示出我們可能沒有注意到的相關性，這些都對我們大有幫助。問題是統計可以輕易地被用來操控或扭曲我們對世界的看法。

　　用的是哪一個方法，民調如何進行，或者平均的基礎是什麼，都會影響我們如何看待世界以及如何做出決定。因此，要形成我們的看法，重要的是能夠批判性地看待統計數據，就像我們要能夠以批判性的眼光看待政治，而不是相信政客所說的每一句話。為了讓我們做到這一點，數學知識不可或缺，不是要自己真的去算些什麼，而是了解可能出錯之處。統計在我們日常生活中的價值無可衡量。

最後，講到圖論，它對我們的生活也有極大影響，因為像谷哥及臉書，利用圖來決定我們看到哪些訊息，這就使得這個領域的數學要比統計更具侵入性。比方說，如果谷哥改變它使用圖的方式，這麼一來可以意味著你看到完全不同的訊息，你可能被誤導，甚至幾乎無法取得訊息。我們在資訊泡泡中已經見過，它確保人們接觸的都是和他有相同想法、相同偏好的人。

圖論說明我們如何透過像谷哥那樣的網站獲取資訊。至少同等重要的是，我們看到我們提供的資訊所產生的回報。谷哥、臉書以及其他網路公司可以將所蒐集到的個人資訊拿來做什麼？誰可以看到，整個過程有哪一部分是全自動的？這些都是人們很在意的疑問，如果他們想得到實在的好答案，他們就得對背後的數學有所了解。然後才能討論什麼是可能的、什麼不可能，人工智能實際如何作用，危險性又在哪裡。

誰能夠在需要處理很多其他事務時，還有足夠的時間來做這些事？檢驗你碰到的每個數據，了解人工智能的最新發展，並且過上正常的生活？沒人辦得到，也不需要這麼做。僅只了解基本的知識，就足以讓你路行千里。這讓你得以批判性地看待研究或民調出人意外的結果，並更積極地思考可以讓智能型服務行業取得或不取得什麼樣的數據，因為這一點數學，就可以讓你對他們能用那些數據來做什麼有更清楚的認識。

數學，當然是指比較困難的那部分，讓我們對周圍的世界有更深的了解。日常生活中，你幾乎不需要做任何實質的計算，然而，我會對 15 歲時的我說，你四周所見之物就是數學所研究之物。怪異形狀的建築物、天氣預報，以及根據海量數據所做的民意調查及預測，搜尋引擎及人工智能——如果你能掌握數學的核心概念，就能更好的理解這些東西。尤其，當今的世界愈變愈複雜，我們需要採取一些措施來減少困惑，這就是數學的作用，而且進行的方式比我們通常認為的更容易理解。

BIBLIOGRAPHY

參考資料

Barner, D., Thalwitz, D., Wood, J. et al. (2007). "On the relation between the acquisition of singularplural morpho-syntax and the conceptual distinction between one and more than one." *Developmental Science* 10 (3), pp. 365–73.

Batterman, R. (2009). "On the explanatory role of mathematics in empirical science." *The British Journal for the Philosophy of Science*, pp. 1–25.

Bauchau, O. and Craig, J. (2009). *Structural Analysis: With Applications to Aerospace Structures*. Dordrecht: Springer.

Bianchini, M., Gori, M. and Scarselli, F. (2005). "Inside PageRank". *ACM Transactions on Internet Technology* 5 (1), pp. 92–128.

Boyer, C. (1970). "The History of the Calculus." *The Two-Year College Mathematics Journal* 1 (1), pp. 60–86.

Brin, S., & Page, L. (1998). "The Anatomy of a Large-Scale Hypertextual Web Search Engine." *Computer Networks and ISDN Systems* 30, pp. 107–17.

Bueno, O. and Colyvan, M. (2011). "An Inferential Conception of the Application of Mathematics." *Nous* 45 (2), pp. 345–74.

Buijsman, S. (2019). "Learning the Natural Numbers as a Child". Noûs 53 (1), 3-22.

Burton, D. (2011). *The History of Mathematics: An Introduction*, 7th edition. McGraw-Hill, New York. Carey, S. (2009). "Where Our Number Concepts Come From." Journal of Philosophy 106 (4), pp. 220–54.

Cartwright, B. and Collett, T. (1982). "How Honey Bees Use Landmarks to Guide Their Return to a Food Source." *Nature* 295, pp. 560–64.

Chemla, K. (1997). "What is at Stake in Mathematical Proofs from Third-Century China?" *Science in Context* 10 (2), pp. 227–51.

Chemla, K. (2003). "Generality Above Abstraction: The General Expressed in Terms of the Paradigmatic in Mathematics in Ancient China." *Science in Context* 16 (3), pp. 413–58.

Cheng, K. (1986). "A Purely Geometric Module in the Rat's Spatial Representation." *Cognition* 23, pp. 149–78.

Christensen, H. (2015). "Banking on Better Forecasts: The New Maths of Weather Prediction." *The Guardian*, 8 January 2015. Online at https://www.theguardian.com/science/alexs-adventures-in-numberland/2015/jan/08/banking-forecasts-maths-weather-predictionstochastic-processes

Colyvan, M. (2001). "The Miracle of Applied Mathematics." *Synthese* 127 (3), pp. 265–78.

Cullen, C. (2002). "Learning from Liu Hui? A Different Way to Do Mathematics." *Notices of the AMS* 49 (7), pp. 783–90.

Dehaene, S., Bossini, S. and Giraux, P. (1993). "The Mental Representation of Parity and Number Magnitude." *Journal of Experimental Psychology: General* 122, pp. 371–96.

Dehaene, S., Izard, V., Pica, P. et al. (2006). "Core Knowledge of Geometry in an Amazonian Indigene Group." *Science* 311, pp.381–4.

Doeller, C., Barry, C. and Burgess, S. (2010). "Evidence for Grid Cells in a Human Memory Network." *Nature* 463, pp. 657–61.

Dorato, M. (2005). "The Laws of Nature and The Effectiveness of Mathematics." In: *The Role of Mathematics in Physical Sciences*, pp. 131–44. Dordrecht: Springer.

Edwards, C. (1979). *The Historical Development of the Calculus.* Dordrecht: Springer.

Englund, R. (2000). "Hard Work – Where Will It Get You? Labor Management in Ur III Mesopotamia." *Journal of Near Eastern Studies* 50 (4), pp. 255–80.

Ekstrom, A., Kahana, M., Caplan, J. et al. (2003). "Cellular Networks Underlying Human Spatial Navigation." *Nature* 425, pp. 184–7.

Epstein, R. and Kanwisher, N. (1998). "A Cortical Representation of the Local Visual Environment." *Nature* 392, pp. 598–601.

Everett, D. (2005). "Cultural Constraints on Grammar and Cognition in Pirahã: Another Look at the Design Features of Human Language." *Current Anthropology* 46 (4), pp. 621–46.

Ezzamel, M. and Hoskin, K. (2002). "Retheorizing Accounting, Writing and Money with Evidence from Mesopotamia and Ancient Egypt." *Critical Perspectives on Accounting* 13, pp. 333–67.

Feigenson, L., Carey, S. and Hauser, M. (2002). "The Representations Underlying Infants' Choice of More: Object Files versus Analog Magnitudes." *Psychological Science* 13 (2), pp. 150–56.

Feigenson, L. and Carey, S. (2003). "Tracking Individuals via Object Files: Evidence from Infants' Manual Search." *Developmental Science* 6 (5), pp. 568–84.

Feigenson, L., Dehaene, S. and Spelke, E. (2004). "Core systems of Number." *Trends in Cognitive Sciences* 8 (7), pp. 307–14.

Ferreiros, J. (2015). *Mathematical Knowledge and the Interplay of Practices.* Princeton: Princeton University Press.

Fias, W. and Fischer, M. (2005). "Spatial Representation of Number." In: Campbell, J. (ed.), *Handbook of Mathematical Cognition*, pp. 43–54. New York: Psychology Press.

Fias, W., Van Dijck, J. and Gevers, W. (2011). "How Is Number Associated with Space? The Role of Working Memory." In: Dehaene, S. and Brannon, E. (eds), Space, *Time and Number in the Brain: Searching for the Foundations of Mathematical Thought*, pp. 133–48. Amsterdam: Elsevier Science.

Fienberg, S. (1992). "A Brief History of Statistics in Three and One-Half Chapters: A Review Essay." *Statistical Science* 7 (2), pp. 208–25.

Fischer, R. (1956). "Mathematics of a Lady Tasting Tea." In: Newman, J. (ed.), *The World of Mathematics*, bk. III, vol. VIII, Statistics and Design of Experiments, pp. 1514–21. New York: Simon & Schuster.

Franceschet, M. (2011). "PageRank: Standing on the Shoulders of Giants." *Communications of the ACM* 54 (6), pp. 92–101.

Frank, M., Everett, D., Fedorenko, E. et al. (2008). "Number as a Cognitive Technology: Evidence from Piraha Language and Cognition." *Cognition* 108, pp. 819–24.

Freedman, D. (1999). "From Association to Causation: Some Remarks on the History of Statistics." *Journal de la société française de statistique* 140 (3), pp. 5–32.

Fresnel, A. (1831). "Über das Gesetz der Modifi cationen, welche die

Refl exion dem polarisirten Lichte einpragt." *Annalen der Physik* 98 (5), pp. 90–126.

Geisberger, R., Sanders, P., Schultes, D. and Delling, D. (2008). "Contraction Hierarchies: Faster and Simpler Hierarchical Routing in Road Networks." In: McGeoch C.C. (ed.), *Experimental Algorithms.* WEA 2008. Lecture Notes in Computer Science, vol. 5038, pp. 319–33. Heidelberg: Springer Berlin.

Gleich, D. (2015). "PageRank Beyond the Web." *SIAM Review* 57 (3), pp. 321–63.

Gordon, P. (2004). "Numerical Cognition without Words: Evidence from Amazonia." *Science* 306, pp. 496–9.

Gori, M. and Pucci, A. (2007). "ItemRank: A Random-Walk Based Scoring Algorithm for Recommender Engines." *IJCAI-07 Proceedings of the 20th International Joint Conference on Artifi cial Intelligence*, pp. 2766–71.

Hamming, R. (1980). "The Unreasonable Effectiveness of Mathematics." *American Mathematical Monthly* 87 (2), pp. 81–90.

Hensley, S. (2008). "Too Much Safety Makes Kids Fat." *Wall Street Journal*, 13 August 2008. Online at https://blogs.wsj.com/health/2008/08/13/too-much-safety-makeskids-fat/Hermer, L. and Spelke, E. (1994). "A Geometric Process for Spatial Re-orientation in Young Children." Nature 370, pp. 57–9.

Hodgkin, L. (2005). *A History of Mathematics: From Mesopotamia to Modernity.* Oxford: Oxford University Press.

Høyrup, J. (2001). "Early Mesopotamia: A Statal Society Shaped by and Shaping Its Mathematics." Contribution to *Les mathematiques et l'état, CIRM Luminy*, 15–19 October 2001. Photocopy, Roskilde University. Online at http://akira.ruc.dk/~jensh/Publications/2001 per cent7BK per cent7 D04_Luminy.pdf

Høyrup, J. (2007). "The Roles of Mesopotamian Bronze Age Mathematics: Tool for State Formation and Administration–Carrier of Teachers" Professional

Intellectual Autonomy." *Educational Studies in Mathematics* 66, pp. 257–71.

Høyrup, J. (2014). "A Hypothetical History of Old Babylonian Mathematics: Places, Passages, Stages, Development." *Ganita Bharati* 34, pp. 1–23.

Høyrup, J. (2014b). "Written Mathematical Traditions in Ancient Mesopotamia: Knowledge, Ignorance, and Reasonable Guesses." In: Bawanypeck, D. and Imhausen, A. (eds), *Traditions of Written Knowledge in Ancient Egypt and Mesopotamia*. Proceedings of two workshops held at Goethe University, Frankfurt/Main, December 2011 and May 2012, pp. 189–213. Munster: Ugarit-Verlag.

Huff, D. (1954). How to Lie with Statistics. New York: W. W. Norton & Company. Imhausen, A. (2003a). "Calculating the Daily Bread: Rations in Theory and Practice." *Historia Mathematica* 30, pp. 3–16.

Imhausen, A. (2003b). "Egyptian Mathematical Texts and Their Contexts." *Science in Context* 16 (3), pp. 367–89.

Imhausen, A. (2006). "Ancient Egyptian Mathematics: New Perspectives on Old Sources." *The Mathematical Intelligencer* 28 (1), pp. 19–27.

Izard, V., Pica, P., Spelke, E. et al. (2011). *Proceedings of the National Academy of Sciences* 108 (24), pp. 9782–7.

Kennedy, C., Blumenthal, M., Clement, S. et al. (2017). "An Evaluation of 2016 Election Polls in the U.S." *American Association for Public Opinion Research*, report published 4 May 2017. Online at https://www.aapor.org/Education-Resources/Reports/An-

Evaluation-of-2016-Election-Polls-in-the-U-S.aspx

Kleiner, I. (2001). "History of the Infi nitely Small and the Infi nitely Large in Calculus." *Educational Studies in Mathematics* 48, pp. 137–74.

Langville, A. and Meyer, C. (2004). "Deeper Inside PageRank." *Internet Mathematics* 1 (3), pp. 335–80.

Lax, P. and Terrell, M. (2014). *Calculus With Applications.* Dordrecht: Springer.

Lee, S., Spelke, E. and Vallortigara, G. (2012). "Chicks, like Children, Spontaneously Reorient by Three-Dimensional Environmental Geometry, Not by Image Matching." Biology Letters 8 (4), pp. 492–4.

Li, P., Ogura, T., Barner, D. et al. (2009). "Does the Conceptual Distinction Between Singular and Plural Sets Depend on Language?" *Developmental Psychology* 45 (6), pp. 1644–53.

Lützen, J. (2011). "The Physical Origin of Physically Useful Mathematics." *Interdisciplinary Science Reviews* 36 (3), pp. 229–43.

Madden, D. and Keri, A. (2009). "The Mathematics behind Polling." Online at http://math.arizona.edu/~jwatkins/505d/Lesson_12.pdf.

Malet, A. (2006). "Renaissance Notions of Number and Magnitude." *Historia Mathematica* 33, pp. 63–81.

Melville, D. (2002). "Ration Computations at Fara: Multiplication or Repeated Addition?" In: Steele, J. and Imhausen, A. (eds), *Under One Sky: Astronomy and Mathematics in the Ancient Near East*, pp. 237–52. Munster: Ugarit-Verlag.

Melville, D. (2004). "Poles and Walls in Mesopotamia and Egypt." *Historia Mathematica* 31, pp. 148–62.

Mercer, A., Deane, C. and McGeeny, K. (2016). "Why 2016 Election Polls Missed Their Mark." *Pew Research Center*, 9 November 2016. Online at http://www.pewresearch.org/fact-tank/2016/11/09/why-2016-electionpolls-missed-theirmark/.

Morrisson, J., Breitling, R., Higham, D. et al. (2005). "GeneRank: Using Search Engine Technology for the Analysis of Microarray Experiments." *BMC Bioinformatics* 6, p. 233.

Negen, J. and Sarnecka, B. (2012). "Number-Concept Acquisition and General Vocabulary Development." *Child Development* 83 (6), pp. 2019–27.

Nuerk, H., Moeller, K. and Willmes, K. (2015). "Multi-digit Number Processing: Overview, Conceptual Clarifi cations, and Language Infl uences." In: Kadosh, C. and Dowker, A. (eds), *The Oxford Handbook of Numerical Cognition*, pp. 106–39. Oxford: Oxford University Press.

Núñez, R. (2017). "Is There Really an Evolved Capacity for Number?" *Trends in Cognitive Sciences* 21, pp. 409–24.

Owens, K. (2001a). "Indigenous Mathematics: A Rich Diversity." *In: Proceedings of the Eighteenth Biennial Conference of The Australian Association of Mathematics Teachers*, Australian Association of Mathematics Teachers Inc., Adelaide, pp. 157–67.

Owens, K. (2001b). "The Work of Glendon Lean on the Counting Systems of Papua New Guinea and Oceania." *Mathematics Education Research Journal* 13 (1), pp. 47–71.

Owens, K. (2012). "Papua New Guinea Indigenous Knowledges about Mathematical Concept." *Journal of Mathematics and Culture* 6 (1), pp. 20–50.

Owens, K. (2015). *Visuospatial Reasoning: An Ecocultural Perspective for Space, Geometry and Measurement Education.* Cham: Springer

International Publishing.

Pica, P., Lemer, C., Izard, V. et al. (2004). "Exact and Approximate Arithmetic in an Amazonian Indigene Group." *Science* 306 (5695), pp. 499–503.

Pincock, C. (2004). "A New Perspective on the Problem of Applying Mathematics." *Philosophia Mathematica* 12 (2), pp. 135–61.

Pucci, A., Gori, M. and Maggini, M. (2006). "A Random-Walk Based Scoring Algorithm Applied to Recommender Engines." In: Nasraoui, O., Spiliopoulou, M., Srivastava, J. et al. (eds), *Advances in Web Mining and Web Usage Analysis*. WebKDD 2006. Lecture Notes in Computer Science, vol. 4811, pp. 127–46. Heidelberg: Springer Berlin.

Radford, L. (2008). "Culture and Cognition: Towards an Anthropology of Mathematical Thinking". In: English, L. (ed.), *Handbook of International Research in Mathematics Education*, 2nd edition, pp. 439–64. New York: Routledge.

Rice, M. and Tsotras, V. (2012). "Bidirectional A* Search with Additive Approximation Bounds." *In: Proceedings of the Fifth Annual Symposium on Combinatorial Search*. SOCS 2012.

Ritter, J. (2000). "Egyptian Mathematics." In: Selin, H. (ed.), *Mathematics Across Cultures: The History of Non-Western Mathematics*, pp. 115–36. Dordrecht: Kluwer Academic Publishers.

Robson, E. (2000). "The Uses of Mathematics in Ancient Iraq, 6000–600 BC." In: Selin, H. (ed.), *Mathematics Across Cultures: The History of Non-Western Mathematics*, pp. 93–113. Dordrecht: Kluwer Academic Publishers.

Robson, E. (2002). "More than Metrology: Mathematics Education in an Old Babylonian Scribal School." In: Imhausen, A. and Steele, J. (eds), *Under One Sky: Mathematics and Astronomy in the Ancient Near East*, pp. 325–65. Münster: Ugarit-verlag.

Sarnecka, B., Kamenskaya, V., Yamana, Y. et al. (2007). "From Grammatical Number to Exact Numbers: Early Meanings of One, Two, and Three in English, Russian, and Japanese." *Cognitive Psychology* 55, pp. 136–68.

Sarnecka, B. and Lee, M. (2009). "Levels of Number Knowledge During Early Childhood." *Journal of Experimental Child Psychology* 103, pp. 325–37.

Schlote, A., Crisostomi, E., Kirkland, S. et al. (2012). "Traffi c Modelling Framework for Electric Vehicles." *International Journal of Control* 85 (7), pp. 880–97.

Shafer, G. (1990). "The Unity and Diversity of Probability." *Statistical Science* 5 (4), pp. 435–562.

Shaki, S. and Fischer, M. (2008). "Reading Space into Numbers: A Cross-Linguistic Comparison of the SNARC Effect." *Cognition* 108, pp. 590–99.

Shaki, S. and Fischer, M. (2012). "Multiple Spatial Mappings in Numerical Cognition." *Journal of Experimental Psychology: Human Perception and Performance* 38 (3), pp. 804–9.

Spelke, E. (2011). "Natural Number and Natural Geometry." In: Brannon, E. and Dehaene, S. (eds), *Time and Number in the Brain: Searching for the Foundations of Mathematical Thought Attention & Performance* XXIV, pp. 287–317. Oxford: Oxford University Press.

Steiner, M. (1998). *The Applicability of Mathematics as a Philosophical Problem*. Cambridge, MA: Harvard University Press.

Stigler, S. (1986). *The History of Statistics: The Measurement of*

Uncertainty before 1900. Cambridge, MA: Harvard University Press.

Syrett, K., Musolino, J. and Gelman, R. (2012). "How Can Syntax Support Number Word Acquisition?" *Language Learning and Development* 8, pp. 146–76.

Tabak, J. (2004). Probability and Statistics: *The Science of Uncertainty*. New York: Facts on File.

The Economist (2017a). "Crime and Despair in Baltimore: As America Gets Safer, Maryland's Biggest City Does Not." *The Economist*, 29 June 2017. Online at https://www.economist.com/unitedstates/2017/06/29/crime-and-despair-in-baltimore.

The Economist (2017b). "The Gender Pay Gap: Women Still Earn a Lot Less than Men, Despite Decades of Equal-Pay Laws. Why?" *The Economist*, 7 October 2017. Online at https://www.economist.com/international/2017/10/07/the-gender-pay-gap.

The Economist (2018). "The Average American is Much BetterOff Now than Four Decades Ago: Estimates of IncomeGrowth Vary Greatly Depending on Methodology." *The Economist*, 31 March 2018. Online at https://www.economist.com/finance-andeconomics/2018/03/31/the-average-american-ismuch-better-offnow-than-four-decades-ago.

Vargas, J., Lopez, J., Salas, C. et al. (2004). "Encoding of Geometric and Featural Spatial Information by Goldfi sh (*Carassius auratus*)."*Journal of Comparative Psychology* 118 (2), pp. 206–16.

Wang, F. and Spelke, E. (2002). "Human Spatial Representation: Insights from Animals." *Trends in Cognitive Science* 6 (9), pp. 376–82.

Wassman, J. and Dasen, P. (1994). "Yupno Number System and Counting." *Journal of Cross-Cultural Psychology* 25 (1), pp. 78–94.

Wigner, E. P. (1960). "The Unreasonable Effectiveness of Mathematics in the Natural

Sciences." *Communications on Pure and Applied Mathematics* 13 (1), pp. 1–14.

Wilson, M. (2000). "The Unreasonable Uncooperativeness of Mathematics in the Natural Sciences." *The Monist* 83 (2), pp. 296–314.

Winter, C., Kristiansen, G., Kersting, S. et al. (2012). "Google Goes Cancer: Improving Outcome Prediction for Cancer Patients by Network-Based Ranking of Marker Genes." *PLoS Computational Biology* 8 (5), e1002511.

Wynn, K. (1992). "Addition and Subtraction by Human Infants." *Nature* 358, pp. 749–50.

Xu, W. (2003). "Numerosity Discrimination in Infants: Evidence for Two Systems of Representations." *Cognition* 89, B15-B25.

知識叢書 1103

翻轉你的數學腦
數學如何改變我們的生活
Plussen en minnen: Wiskunde en de wereld om ons heen

作者	斯蒂芬·布伊斯曼（Stefan Buijsman）
譯者	胡守仁
主編	王育涵
責任編輯	王育涵
責任企畫	林進韋
封面設計	江孟達
內頁設計	吳郁嫻
總編輯	胡金倫
董事長	趙政岷
出版者	時報文化出版企業股份有限公司
	108019 臺北市和平西路三段 240 號 7 樓
	發行專線｜02-2306-6842
	讀者服務專線｜0800-231-705｜02-2304-7103
	讀者服務傳真｜02-2302-7844
	郵撥｜1934-4724 時報文化出版公司
	信箱｜10899 臺北華江郵政第 99 信箱
時報悅讀網	www.readingtimes.com.tw
人文科學線臉書	https://www.facebook.com/humanities.science/
法律顧問	理律法律事務所｜陳長文律師、李念祖律師
印刷	綋億印刷有限公司
初版一刷	2021 年 10 月 8 日
定價	新臺幣 360 元

時報文化出版公司成立於一九七五年，並於一九九九年股票上櫃公開發行，於二○○八年脫離中時集團非屬旺中，以「尊重智慧與創意的文化事業」為信念。

ISBN 978-957-13-9474-9｜Printed in Taiwan

翻轉你的數學腦：數學如何改變我們的生活｜斯蒂芬·布伊斯曼 (Stefan Buijsman) 著；胡守仁譯.
-- 初版. -- 臺北市：時報文化, 2021.10｜240 面；14.8×21 公分.
譯自：Plussen en minnen : wiskunde en de wereld om ons heen
ISBN 978-957-13-9474-9（平裝）｜1. 數學 2. 通俗作品｜310｜110015543